高等学校智能科学与技术专业系列教材

人工智能实验指导书

李岩山　王　浩　温　阳　编著

西安电子科技大学出版社

内 容 简 介

本书是人工智能实验课程的配套教程。完成书中的实验可以帮助学生巩固和加强对人工智能的基本原理和实现方法的理解,并为今后进一步学习高级课程和进行信息智能化技术的研发奠定良好的基础。

全书共有六个实验:基础平台搭建;谓词问题——猴子摘香蕉;知识表示——动物识别系统;启发式算法——八数码问题(九宫格问题);推理问题——贝叶斯推理;机器学习算法——人脸识别。每个实验都包含实验目的、实验背景、实验原理、实验内容、实验总结和思考等六个部分,要求同学们完成实验范例,并形成实验报告。

本书是理工科专业人工智能课程的配套实验指导书,适合普通高等院校相关专业的本科生、研究生使用。

图书在版编目(CIP)数据

人工智能实验指导书 / 李岩山,王浩,温阳编著. —西安:西安电子科技大学出版社,2023.3
ISBN 978–7–5606–6762–1

Ⅰ. ①人… Ⅱ. ①李… ②王… ③温… Ⅲ. ①人工智能—实验—高等学校—教学参考资料
Ⅳ. ①TP18-33

中国版本图书馆 CIP 数据核字(2022)第 240018 号

策　　划　明政珠
责任编辑　明政珠　孟秋黎
出版发行　西安电子科技大学出版社(西安市太白南路 2 号)
电　　话　(029) 88202421　88201467　　　　　邮　　编　710071
网　　址　www.xduph.com　　　　　　　　电子邮箱　xdupfxb001@163.com
经　　销　新华书店
印刷单位　咸阳华盛印务有限责任公司
版　　次　2023 年 3 月第 1 版　　2023 年 3 月第 1 次印刷
开　　本　787 毫米×960 毫米　1/16　印张 8
字　　数　137 千字
印　　数　1～2000 册
定　　价　23.00 元
ISBN　978–7–5606–6762–1 / TP
XDUP 7064001–1
如有印装问题可调换

前言 PREFACE

人工智能(Artificial Intelligence，AI)一词是 1956 年在达特茅斯会议上首次提出并正式使用的，是指与人一样可以进行学习、推理和判断的理论、方法与技术，也可以说是通过计算机程序来呈现人类智能的技术。从学科建设的观点来说，比人工智能一词更加学术化的称谓应该是智能科学与技术，它是研究认识、模拟以及扩展自然智能的有关理论、方法与技术及其应用的学科。人工智能的研究目标是研究与开发出跟人一样甚至超过人的自然智能能力的智能机器，以便更高效地服务于人类。这些智能机器能像人一样看、听、说、想、学和做等，能够完成人类让它去做的一切合法、合理的工作，成为人类不可或缺的重要帮手和辅助工具。

人类对人工智能的探索进程是一个螺旋式上升发展的过程，其中充满了艰辛与曲折。在人工智能的整个发展历程中，经历了三次人工智能寒冬和多次跨越式发展，出现了三大著名的研究学派和多次新思潮。在克服阻碍持续发展的过程中，涌现出了许许多多新思路和新手段，这些新思路与新手段使人工智能得以摆脱旧的束缚和羁绊，是人工智能发展进程中的转折点。基于这些新思路与新手段所发展出来的新模型和新方法具有前所未有的生命力，一经投入应用便产生出了人工智能发展过程中许多重大的里程碑式的成果，这些成果代表了不同时期人工智能的进展和高度，是人们了解人工智能的最好切入点和重要知识点，也是人工智能发展历程中的重要支点和闪光点。

本书从人工智能的几个典型问题入手，介绍其相关解决方法，巩固人工智能的基础知识，培养逻辑思维和动手能力。

本书中共设计了六个实验。

实验 1：基础平台搭建。该实验为人工智能相关算法的实现提供了平台基础，也为本书后续实验的实施提供了保障。

实验 2：谓词问题——猴子摘香蕉。该实验要求学生通过 Python 语言编程实现猴子摘香蕉问题，在实验过程中理解谓词问题，并提升编程能力。

实验 3：知识表示——动物识别系统。该实验要求学生利用产生式知识表示方法来构建一个动物识别系统的规则库，借此熟悉规则类算法的实现过程。

实验 4：启发式算法——八数码问题(九宫格问题)。该实验使用启发式算法实现八数码问题，学生们需要在实验过程中兼顾算法性能与模型复杂度。

实验 5：推理问题——贝叶斯推理。该实验要求学生们掌握统计类算法(贝叶斯分类器)，并基于该算法完成对于样本数据的划分。

实验 6：机器学习算法——人脸识别。该实验要求学生基于传统机器学习算法(特征脸算法)和深度学习算法(FaceNet)来完成人脸识别任务，在实验过程中对比两类方法的优劣，探索人工智能算法的使用技巧。

由于作者水平有限，书中不足之处在所难免，恳请广大读者批评指正。

编著者

2022 年 10 月

目 录 CONTENTS

实验 1　基础平台搭建

一、实验目的

1. 掌握 Matlab 的安装、配置方法。
2. 掌握 Anaconda 的安装、配置方法。
3. 掌握 PyCharm 的安装、配置方法。

二、实验背景

本书选用 Matlab 和 Python 作为人工智能课程的开发语言，后续实验可使用这两种语言进行任务编程。在本实验中，展示了 Matlab、Anaconda 以及 PyCharm 的安装和配置过程，同时展示了 Anaconda 的环境创建过程、深度学习框架 Pytorch 的安装过程以及 PyCharm 的 Python 解释器的配置过程，为后续实验提供了平台基础。

三、实验原理

1. Matlab 简介

Matlab(Matrix Laboratory，矩阵实验室)是由美国 MathWorks 公司出品的商业数学软件。Matlab 提供了一种用于算法开发、数据可视化、数据分析以及数值计算的交互式环境。除矩阵运算、绘制函数/数据图像等常用功能外，Matlab 还可用来创建用户界面，以及调用其他语言(包括 C、C++、Java、Python、FORTRAN 等)编写的程序。

Matlab 主要用于数值运算，但通过利用众多的附加工具箱，它也适用于不同的领域，例如控制系统设计与分析、影像处理、深度学习、信号处理与通信、金融建模和分析等。另外，还有配套软件包 Simulink 提供可视化开发环境，常用于系统模拟、动态/嵌入式系统开发等。在 R2017b 后的 Matlab 版本发布了深度学习工具，使其能够可视化地、快速地创建 AI 模型，并透过各种转码器将其部署于嵌入式硬件之中。

Matlab 用户来自工程、科学和经济学领域。

2. Anaconda 简介

Anaconda 是一个开源的 Python 和 R 语言的发行版本，可用于计算科学(数据科学、机器学习、大数据处理和预测分析)，并可以简化软件包管理系统和部署。Anaconda 拥有超过 1400 个软件包，其中包含 Conda 和虚拟环境管理，它们都被包含在 Anaconda Navigator 中，因此用户无需了解如何独立安装每个库。用户可以使用已经包含在 Anaconda 中的命令 conda install 或者 pip install 从 Anaconda 仓库中安装开源软件包。pip 提供了 Conda 的大部分功能，并且大多数情况下这两者可以同时使用。Anaconda 2 默认包含 Python 2.7，Anaconda 3 默认包含 Python 3.7，但是用户可以创建虚拟环境来使用任意版本的 Python 包，也就是说安装了 Anaconda 可不再安装 Python。Anaconda Navigator 是包含在 Anaconda 中的图形用户界面，用户可以通过 Anaconda Navigator 启动应用，在不使用命令行的情况下管理软件包、创建虚拟环境和管理路径。Conda 是一个开源、跨平台的、与语言无关的软件包管理系统和系统管理系统，通过 Conda 可安装和升级软件包依赖。

3. PyCharm 简介

PyCharm 是一种 Python IDE，带有一整套可以帮助用户在使用 Python 语言开发时提高其效率的工具，比如调试、语法高亮、Project 管理、代码跳转、智能提示、自动完成、单元测试、版本控制。此外，该 IDE 还提供了一些高级功能，用于支持 Django 框架下的专业 Web 开发。PyCharm 是由 JetBrains 打造的一款 Python IDE，是用于 Python 脚本语言的最流行的 IDE。PyCharm 同时支持 Google App Engine、IronPython。这些功能在先进代码分析程序的支持下，使 PyCharm 成为 Python 开发人员的有益助手。

四、实验内容

1. Matlab 的安装与配置

有些学校已经购买了 Matlab 软件的正式版本，同学们可以先访问网址 https://ww2.mathworks.cn/academia/tah-support-program/eligibility.html，查询自己学校是否拥有使用权。如图 1-1 所示，登录深圳大学内部网的网上下载页面，同学们便可根据自己的电脑系统选择对应的安装包进行下载安装。下面将展示通用的安装激活流程。

图 1-1　Matlab 软件深圳大学下载页面

1) 注册 MathWorks 账户

访问账户注册页面：http://www.mathworks.cn/mwaccount/register，填写账户信息，使用学校的邮箱(后缀包含@email.szu.edu.cn)作为电子邮箱地址(其他邮箱不识别)。如图 1-2 所示，在"以下哪项与您的情况最为相符？"一栏，教师和学生分别选择"教师/高校科研人员"和"学生"。完成后点击"创建"按钮。

MathWorks®

MathWorks 帐户

创建 MathWorks 帐户

电子邮件地址	＿＿＿＿＿@email.szu.edu.cn ✔
	要获取贵组织的 MATLAB 许可证，请使用您的工作电子邮件或学校电子邮件。
所在地	中国
以下哪项与您的情况最为相符？	学生
您是否已年满 13 岁？	◉是　○否

取消　　创建

图 1-2　Matlab 账户注册页面

登录学校邮箱可以查看发送的验证电子邮件，如图 1-3 所示。点击"验证电子邮件"，然后进行个人资料补充以创建账号，完成后会跳转到个人账户页面。

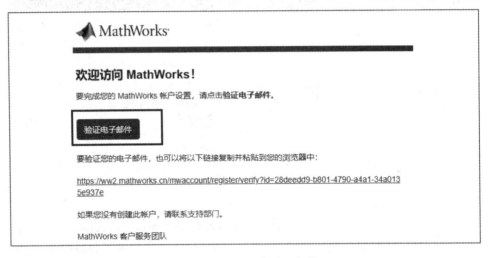

图 1-3　Matlab 账户验证邮件

2）下载并安装 Matlab

在个人账户的"我的软件"页面点击标签"MATLAB(Individual)"，进入下载页面，如图 1-4 所示。

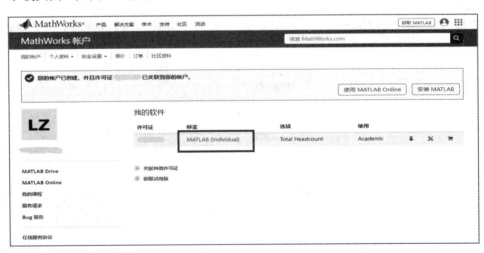

图 1-4　Matlab 个人账户主页

然后在下载页面选择安装与激活，点击"下载安装程序"即可下载安装包，该过程会自动适配电脑系统(本实验展示 Windows 版本)，如图 1-5 所示。

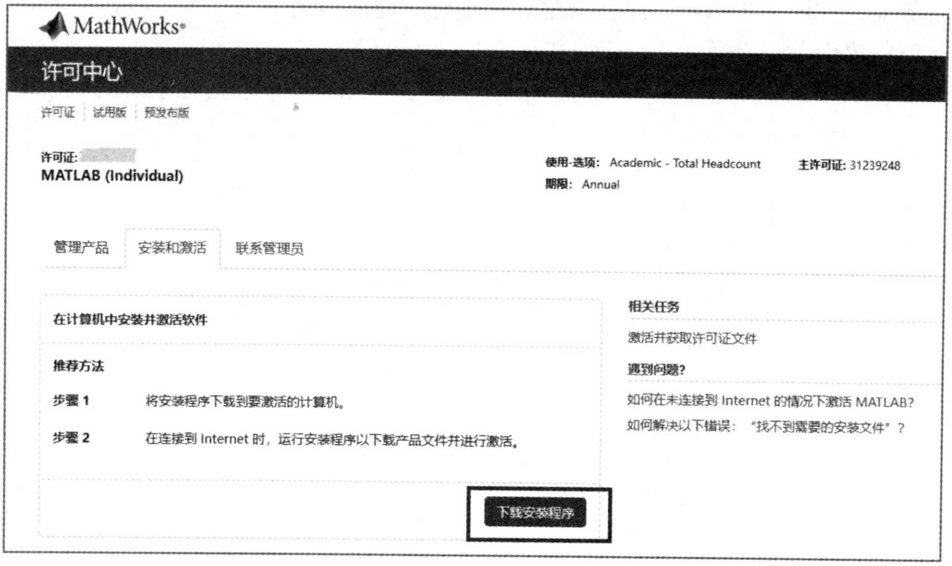

图 1-5 Matlab 软件下载页面

下载完成后，双击安装程序"Matlab_R2022a_win64.exe"即会自动解压，等待解压完成将自动进入安装页面，填写关联邮箱和密码即可进行登录，如图 1-6 所示。

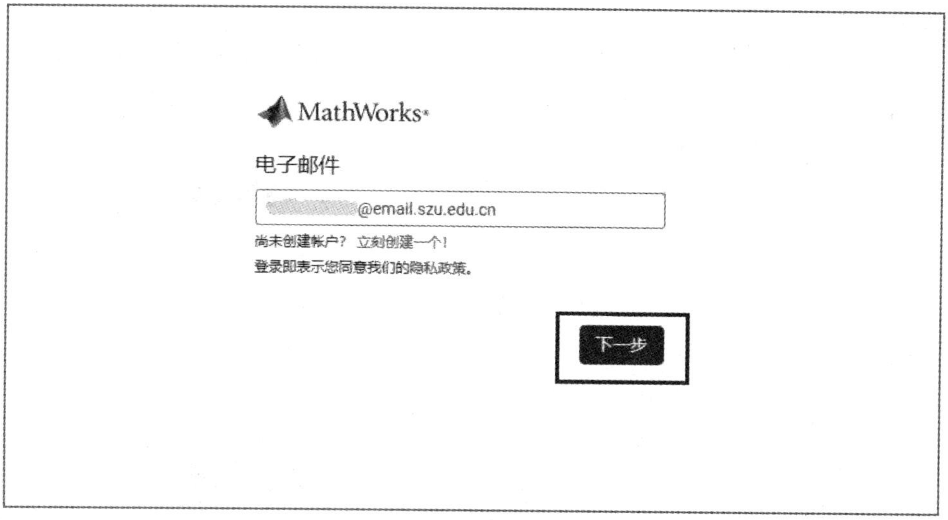

图 1-6 Matlab 账户登录界面

登录完成后会自动跳转到协议许可界面，点击"同意"按钮跳转到安装许可界面，如图 1-7 所示。选择绑定的许可证，连续点击"下一步"按钮进入安装路径界面。

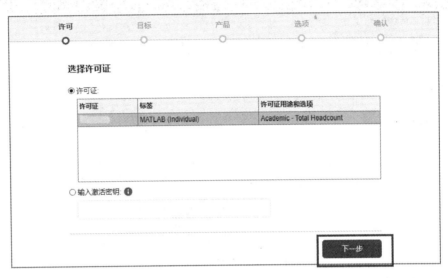

图 1-7　Matlab 许可证选择界面

如图 1-8 所示，点击"选择目标文件夹"可以手动修改安装路径，软件默认安装路径是 C 盘，但 Matlab 软件体量较大，建议安装到其他存储空间较大的磁盘上。

图 1-8　Matlab 安装路径选择界面

点击"下一步"按钮可以选择需要安装的组件，界面如图1-9所示。可以先安装Matlab组件，后续根据学习进度或自身需要可以再获取附加功能。如果后续还将学习深度学习，可以安装Deep Learning Toolbox等其他组件。

图1-9　Matlab安装组件选择界面

选定组件后，点击"下一步"按钮直到安装页面，安装页面如图1-10所示。确认相关配置无误后，点击"开始安装"按钮进入安装进程。

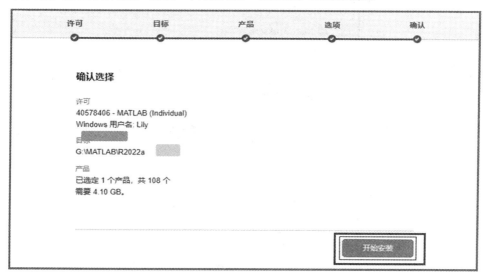

图1-10　Matlab安装配置确认界面

等待安装进度条达到 100%即完成安装，完成后关闭安装窗口。点击桌面的
"Matlab R2022a"图标即可成功启动软件，软件界面如图 1-11 所示。

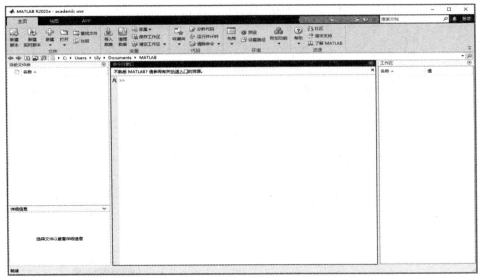

图 1-11　Matlab 软件使用界面

点击软件主页面右上角的"登录"按钮，然后输入前面注册的与学校信箱
关联的账号和密码进行登录，登录页面如图 1-12 所示。

图 1-12　Matlab 账号登录页面

最后，如图 1-13 所示，选择接受在线服务协议即可激活软件。

登录
MathWorks 在线服务协议。
在线服务协议已更新。请接受该协议以继续。
接受
拒绝

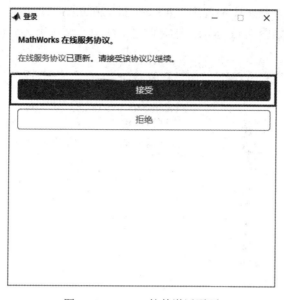

图 1-13　Matlab 软件激活页面

2. Anaconda 的安装与配置

1) 下载并安装 Anaconda

登录 Anaconda 官网，显示页面如图 1-14 所示。根据电脑系统选择合适版本进行下载(本实验展示 Windows 版本)。

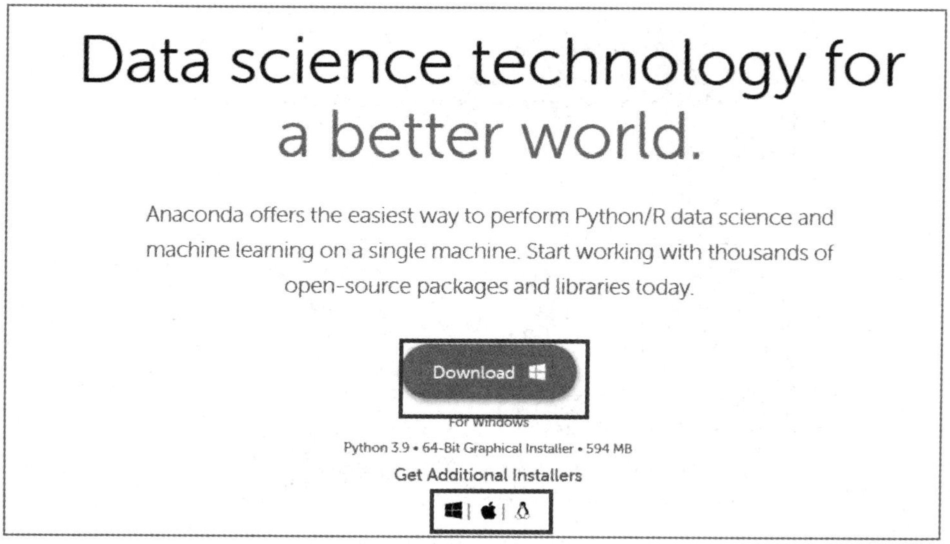

Data science technology for
a better world.
Anaconda offers the easiest way to perform Python/R data science and
machine learning on a single machine. Start working with thousands of
open-source packages and libraries today.
Download
For Windows
Python 3.9 • 64-Bit Graphical Installer • 594 MB
Get Additional Installers

图 1-14　Anaconda 软件下载页面

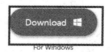

下载完成后，双击安装程序"Anaconda3-2022.05-Windows-x86_64.exe"，进入安装页面，如图 1-15 所示。然后点击"Next"按钮进入协议许可页面，点击"I Agree"。

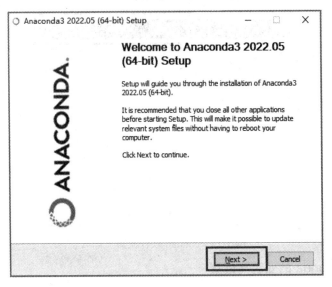

图 1-15　Anaconda 软件安装界面

如图 1-16 所示，在安装类型界面选择"All Users"，点击"Next"按钮进入安装路径设置页面。

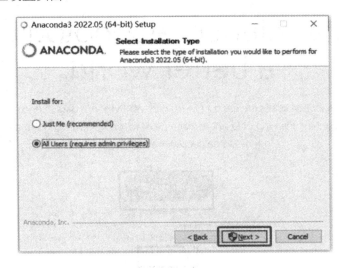

图 1-16　Anaconda 安装类型选择界面

路径设置界面如图 1-17 所示，Anaconda 所需存储空间大，建议手动修改安装路径到其他磁盘，完成后点击"Next"按钮。

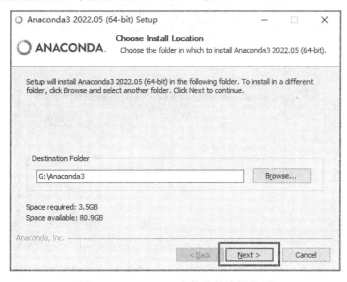

图 1-17　Anaconda 安装路径选择界面

　　安装选项页面如图 1-18 所示，如果没有其他要求的特定版本，勾选第二个选项，默认 Anaconda 的 Python 版本是 3.9，选定后点击"Install"进入安装进程。

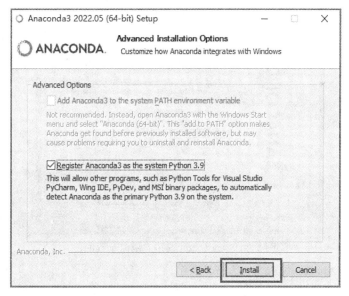

图 1-18　Anaconda 环境默认 Pyhon 版本设置界面

安装进程界面如图 1-19 所示。完成后，连续两次点击"Next"按钮跳转到最终页面。

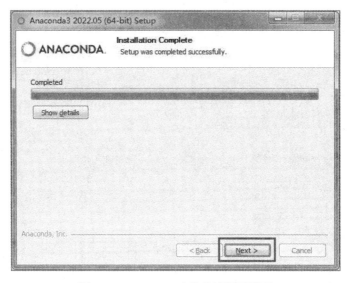

图 1-19　Anaconda 安装进度显示界面

如图 1-20 所示，同时取消以下两个选项的勾选，并点击"Finish"按钮完成安装。

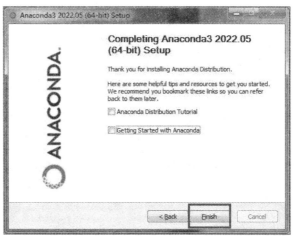

图 1-20　Anaconda 安装完成显示界面

2) 进行 Anaconda 配置

打开电脑控制面板，搜索找到环境变量，点击进入界面，如图 1-21 所示。

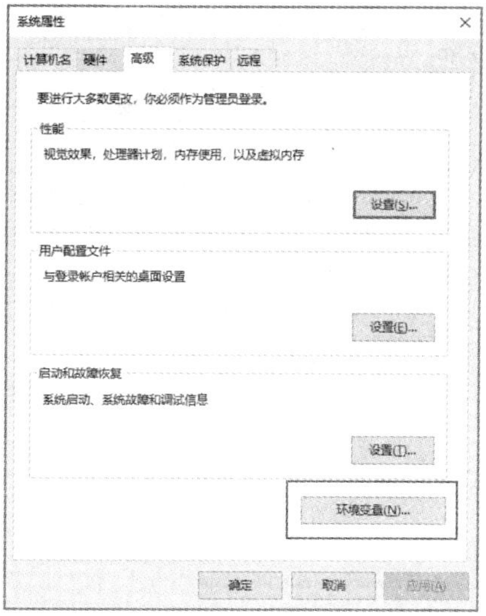

图 1-21　电脑环境变量查找界面

　　找到系统变量的"Path"，双击进入，并点击"新建"，把以下路径添加进系统变量 (G:\Anaconda3; G:\Anaconda3\Library\mingw-w64\bin; G:\Anaconda3\Library\usr\bin; G:\Anaconda3\Library\bin; G:\Anaconda3\Scripts)，如图 1-22 所示。具体路径可根据安装路径不同进行修改。

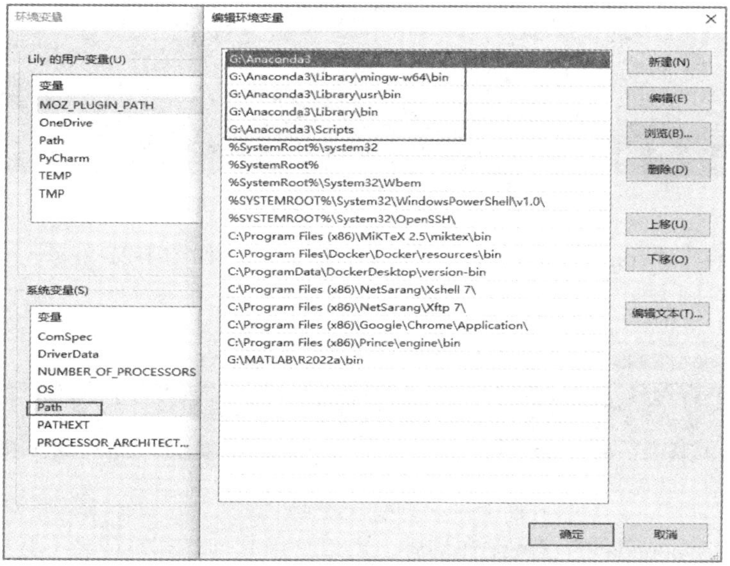

图 1-22　Anaconda 系统路径添加界面

配置完成后可测试安装是否成功，按"win+R"输入"cmd"，打开电脑命令提示符，运行窗口如图 1-23 所示。

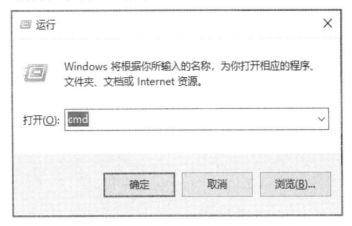

图 1-23　"cmd"命令运行窗口

在命令提示符窗口输入"python"，显示 Python 版本，如图 1-24 所示，则说明 Python 环境安装成功。

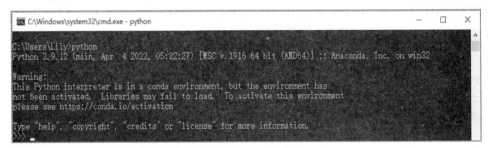

图 1-24　Python 环境验证窗口

或者输入"conda --version"查看 Conda 版本。如图 1-25 所示，有相关版本信息显示则表明 Anaconda 安装成功。

图 1-25　Conda 版本显示窗口

因为 Anaconda 的默认源在境外，所以使用其创建环境或者下载依赖包时容易导致错误或者速度过慢。在开始菜单栏找到"Anaconda3 (64-bit)"目录下的"Anaconda Prompt (Anaconda)",进入 Anaconda 的 cmd 窗口。输入代码(见图 1-26)并添加清华源镜像到 Anaconda,最后输入"conda info"查看当前channel,如图 1-26 所示,默认源已经变成清华源。

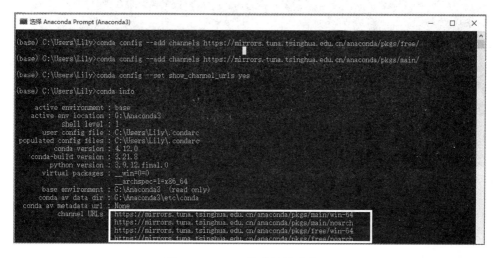

图 1-26   Conda 默认源修改窗口

3) 使用 Anaconda 创建环境

创建环境(可以在创建时设定 Python 版本,例如 3.6),如图 1-27 所示。具体代码如下:

```
1. conda create -n 环境名 python=3.6
```

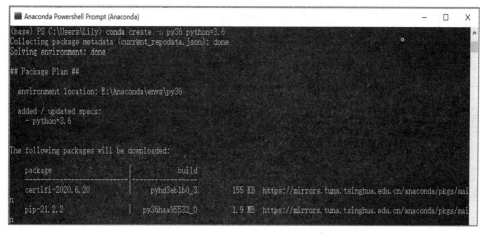

图 1-27   Conda 环境创建窗口

输入"y",同意创建,如图1-28所示。

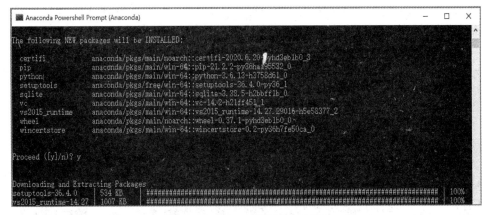

图1-28　Conda 环境创建进程

查看当前 Conda 所有环境,如图1-29所示。参考代码如下:

```
1. conda info --envs
```

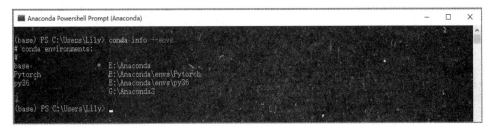

图1-29　Conda 环境查看窗口

激活环境,如图1-30所示。参考代码如下:

```
1. conda activate 环境名
```

图1-30　Conda 环境激活窗口

安装所需依赖包(以 Numpy 和 Matplotlib 为例子),Conda 和 pip 命令如图 1-31 和图1-32所示。参考代码如下:

```
1. conda install 包名
2. pip install 包名
```

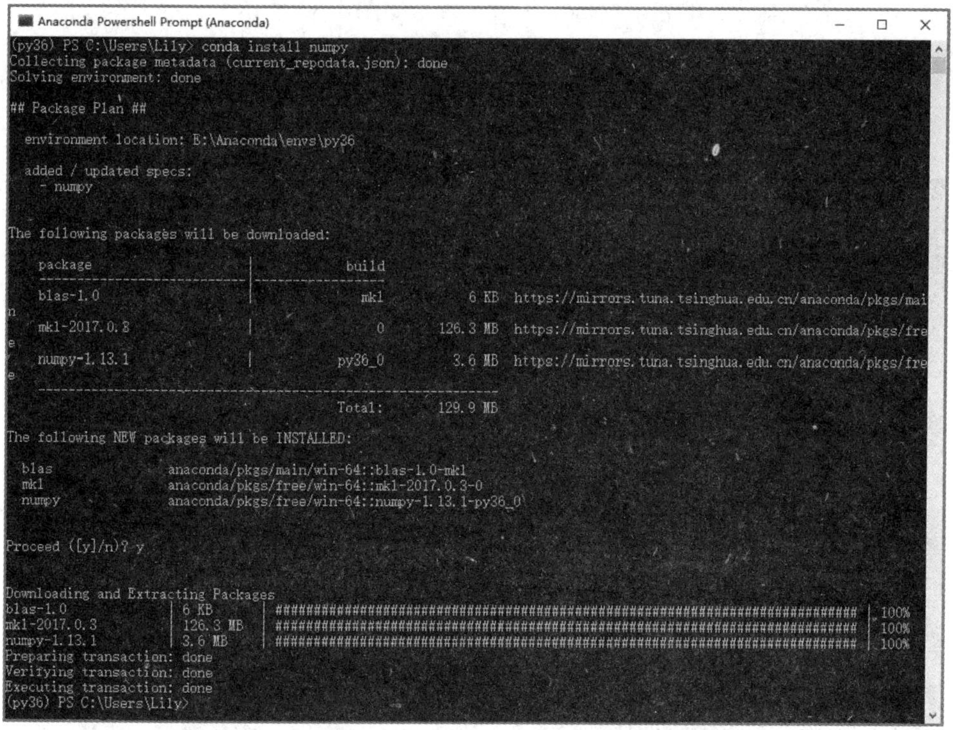

图 1-31　Conda 命令安装依赖包窗口

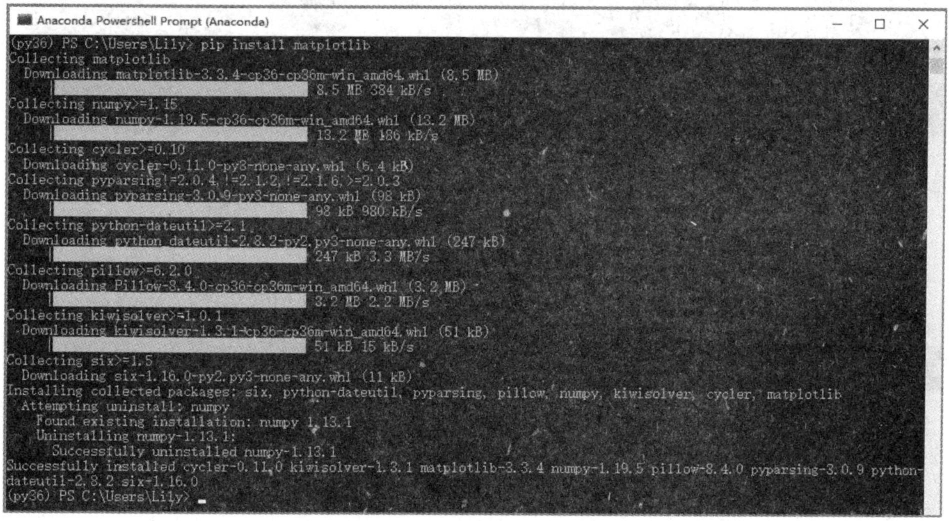

图 1-32　pip 命令安装依赖包窗口

查看环境中现有的包，Conda 和 pip 命令如图 1-33 所示。参考代码如下：

1. conda list

2. pip list

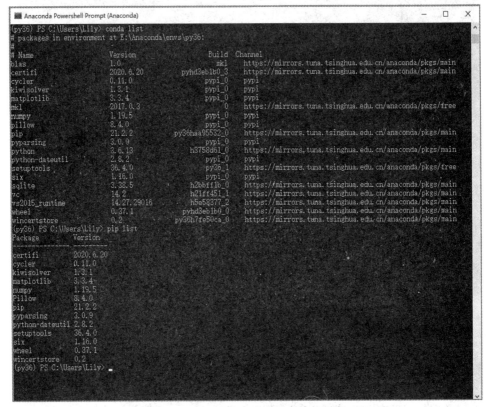

图 1-33　Conda 命令查看已安装包列表

退出环境，Conda 和 pip 命令如图 1-34 所示。参考代码如下：

1. conda deactivate

图 1-34　pip 命令查看已安装包列表

4) 深度学习框架 Pytorch 的安装

本文使用 Pytorch 作为深度学习框架，基于 Anaconda 进行安装。

(1) 安装 Visual Studio。

对 Windows 用户来说，大多数深度学习框架底层是基于 C/C++ 开发的，所以需先下载安装一个 Visual Studio(简称 VS)的 Community 社区版，推荐安装 Visual Studio 2017(VS 2017)、Visual Studio 2015(VS 2015)版(本教程以 2015 版为例)。在浏览器或者一些下载器中直接输入 VS 2015 的下载链接 http://download.microsoft.com/download/B/4/8/B4870509-05CB-447C-878F-2F80E4CB464C/vs2015.com_chs.iso，可以下载安装光盘映像文件。

下载完成后双击"vs2015.com_chs.iso"解压，点击"vs community.exe"进入安装页面，等待初始化完成。如图 1-35 所示，选择安装位置并自定义安装类型，点击"下一步"按钮。

图 1-35　VS 2015 版安装路径选择界面

如图 1-36 所示，选择安装组件，编程语言只选择"Visual C++"，如果有其他需要可以自行添加组件，然后点击"下一步"按钮进入安装页面。

图 1-36 VS 2015 版安装组件选择窗口

确认安装组件无误后，点击"安装"按钮进入安装进程，然后等待软件安装完成，点击启动登录，完成默认设置即可。

(2) 安装 CUDA。

此步骤是为了安装 GPU 所需的 CUDA 驱动程序，如果没有显卡，可以跳过这一步，直接安装 Pytorch 的 CPU 版本。

① 更新 NVIDIA 驱动。

可通过一些软件或者设备管理器查看电脑显卡型号。然后访问 NVIDIA 官网 https://www.nvidia.cn/geforce/drivers/，输入电脑型号，选择手动搜索驱动程序，如图 1-37 所示。

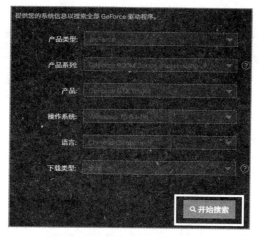

图 1-37　NVIDIA 驱动搜索页面

　　根据搜索结果选择合适的驱动程序，点击"获取下载"按钮，进入确认页面。如图 1-38 所示，点击"立即下载"按钮下载安装包。

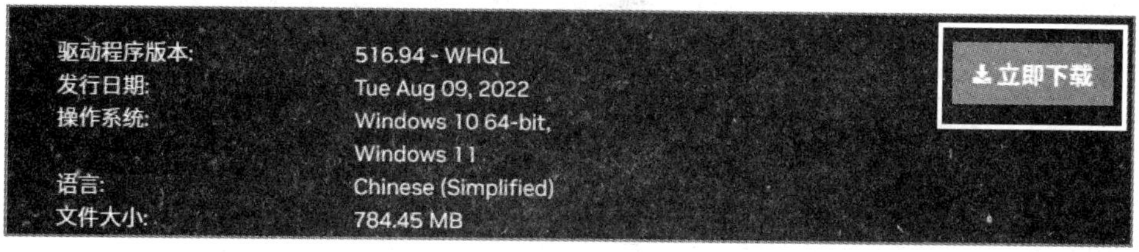

驱动程序版本:	516.94 - WHQL
发行日期:	Tue Aug 09, 2022
操作系统:	Windows 10 64-bit,
	Windows 11
语言:	Chinese (Simplified)
文件大小:	784.45 MB

图 1-38　NVIDIA 驱动下载页面

　　下载完成后，双击安装包。如图 1-39 所示，按默认设置进行安装即可。

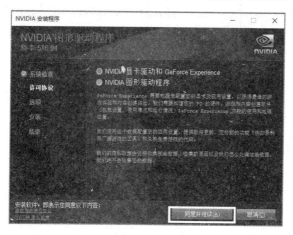

图 1-39　NVIDIA 驱动安装页面

② 安装 CUDA Toolkit。

访问 https://developer.nvidia.com/cuda-toolkit-archive，本教程选用 10.0 版本，如图 1-40 所示。

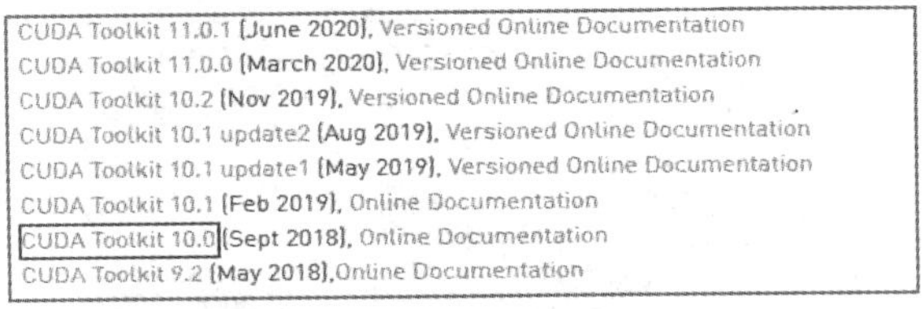

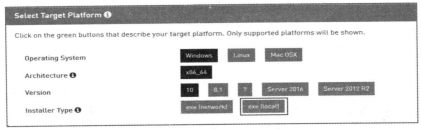

图 1-40　CUDA Toolkit 版本搜索页面

如图 1-41 所示，选择操作系统和所需版本，点击"exe (local)"下载安装包。

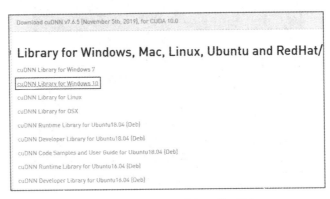

图 1-41　CUDA Toolkit 安装包下载页面

完成后，双击"cuda_10.0.130_411.31_win10.exe"安装包，按默认选项进行安装即可。

③ 安装 cuDNN。

访问 https://developer.nvidia.com/cudnn，先进行注册登录，然后选择和 CUDA 10.0 匹配的 cuDNN v7.6.5，并选择"Windows 10"版本进行下载，如图 1-42 所示。

图 1-42　cuDNN 安装包下载页面

下载完成后将"cudnn-10.0-windows10-x64-v7.6.5.32.zip"文件解压到任意文件夹，并将路径"…\bin\"添加到系统环境变量路径中，即可完成安装，如图 1-43 所示。

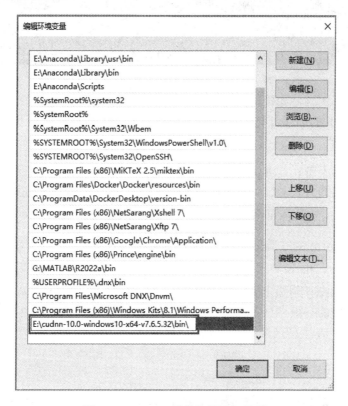

图 1-43　cuDNN 系统路径添加界面

(3) 安装 Pytorch。

首先，按照前面所说的步骤创建一个 conda 环境并激活，然后输入以下指令即可进行安装，确认界面输入"y"即可。

```
1. conda install pytorch torchvision cuda100 -c pytorch
```

安装完成后，在命令行输入"python"进入 Python 解释器，并输入以下代码：

```
1. import torch
2. x = torch.rand(5,3)
3. print(x)
```

输出结果如图 1-44 所示，说明安装成功。

图 1-44　Pytorch 安装成功验证窗口

输入以下代码，如果输出为"True"，则说明 GPU 驱动程序和 CUDA 可以支持 Pytorch 的加速计算。

```
1. torch.cuda.is_available()
```

如果电脑不带有显卡，则只需安装 CPU 版本即可。输入以下代码进行安装，完成后使用相同方式验证 Pytorch 是否安装成功，无需验证 GPU 是否支持。

```
1. conda install pytorch torchvision torchaudio cpuonly -c pytorch
```

3. PyCharm 的安装与配置

1) 注册 PyCharm 账号

虽然学校没有购买 PyCharm 的正式版软件，但 PyCharm 为教师与学生提供了免费可用的有效期一年的教育版版本，可通过带有.edu 后缀的教育系统个人邮箱进行申请。如图 1-45 所示，输入 https://www.jetbrains.com/，登录 JetBrains 的官网，点击右上角的"Learning Tools"选项，再点击"For Students and Teachers"选项。

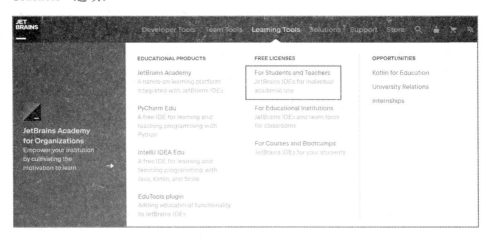

图 1-45　PyCharm 教育版选择页面

跳转后点击页面底下的"Apply now"按钮，即会跳转到申请界面，如图 1-46 所示。

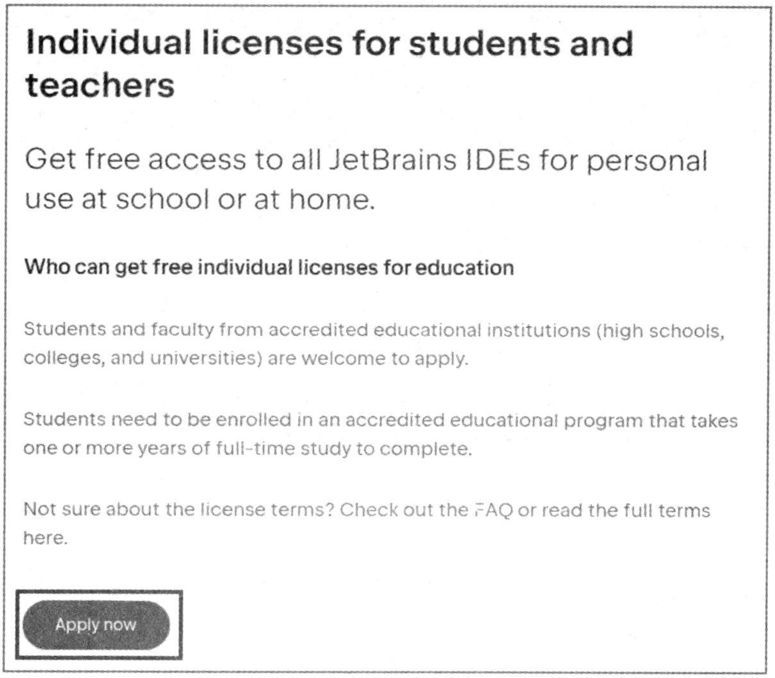

Individual licenses for students and teachers

Get free access to all JetBrains IDEs for personal use at school or at home.

Who can get free individual licenses for education

Students and faculty from accredited educational institutions (high schools, colleges, and universities) are welcome to apply.

Students need to be enrolled in an accredited educational program that takes one or more years of full-time study to complete.

Not sure about the license terms? Check out the FAQ or read the full terms here.

Apply now

图 1-46　JetBrains 教育权限申请页面

如图 1-47 所示，在申请页面选择"University email address"，"Email address"选项使用学校邮箱(后缀包含@email.szu.edu.cn)作为电子邮箱地址(其他邮箱不识别)进行申请。其他选项按实际填写，完成后点击"APPLY FOR FREE PRODUCTS"按钮。

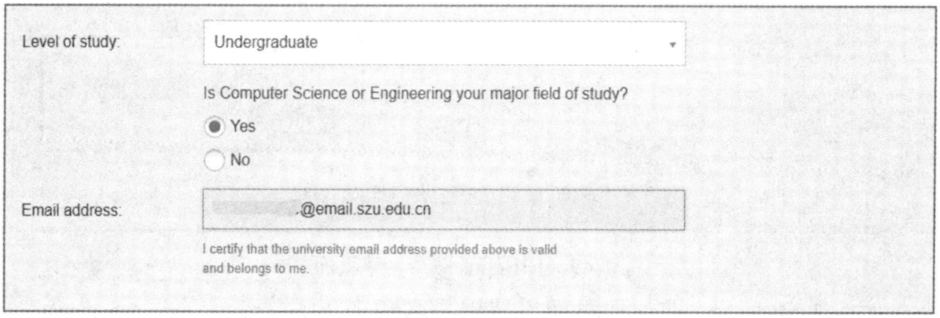

Level of study:　Undergraduate

Is Computer Science or Engineering your major field of study?
● Yes
○ No

Email address:　.@email.szu.edu.cn

I certify that the university email address provided above is valid and belongs to me.

图 1-47　JetBrains 教育信息登记页面

申请后 JetBrains 会给发出申请的邮箱发送验证邮件，登录学校邮箱，找到该邮件。如图 1-48 所示，点击"link your free license"，跳转到 JetBrains 账号登录界面。

Hi ▓▓▓,

Congratulations! Your JetBrains Educational Pack has been confirmed.

Please link your free license to a new or an existing JetBrains Account. You will need to use this account whenever you want to access JetBrains tools.

Get started by learning basic shortcuts and essential features from right inside IntelliJ IDEA and other JetBrains IDEs with the IDE Features Trainer plugin.

In addition to your Educational Pack, we provide all new users with an extended 3-month free trial at JetBrains Academy, our hands-on platform for learni

If you have any questions, please email us and we will be glad to help.

Kind Regards,
The JetBrains team
www.jetbrains.com
The Drive to Develop

图 1-48　JetBrains 教育权限验证邮件

如图 1-49 所示，在登录界面可以选择创建一个新的 JetBrains 账号，如果已有账号，可以直接输入账号密码进行登录。输入邮箱(此处可不使用学校邮箱)，点击"Sign Up"进入注册页面。

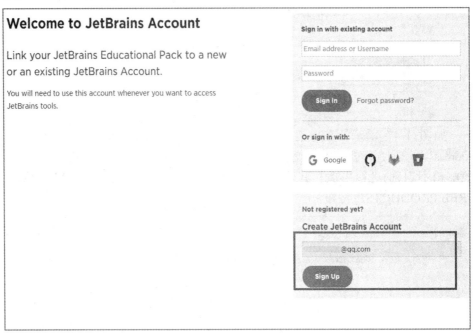

图 1-49　JetBrains 账号创建页面

如图 1-50 所示，在注册页面设置用户名和密码，完成后点击"Submit"按钮完成注册。

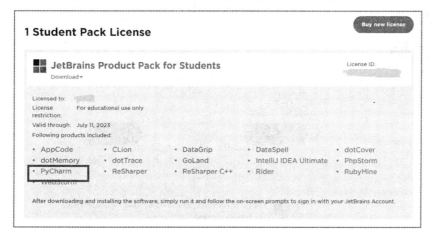

图 1-50　JetBrains 账号注册页面

　　然后返回登录界面，输入账号密码进行登录，进入账号主页。如图 1-51 所示，看到右上角有"License ID"则说明绑定账号成功，即学生认证成功。

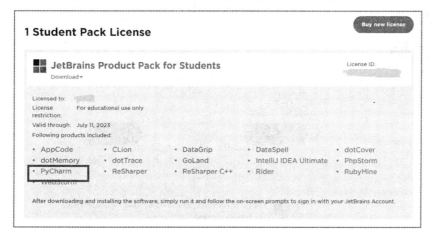

图 1-51　JetBrains 账号个人主页

2) 下载并安装 PyCharm

在账号主页的 Download 菜单可以看到有"PyCharm"选项，点击进入下载页面，如图 1-52 所示。点击"DOWNLOAD"按钮，跳转到下载选择页面。

图 1-52　PyCharm 下载页面

　　如图 1-53 所示，此处我们下载"Professional"版本，并根据实际选择合适的系统版本(本实验展示 Windows 版本)，选择完成后点击"Download"按钮。

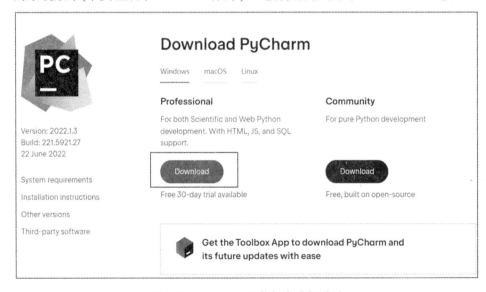

图 1-53　PyCharm 下载版本选择页面

　　下载完成后，双击安装程序"PyCharm-professional-2022.1.3.exe"，自动解

压后点击"Next"按钮进入安装界面。如图 1-54 所示，选择软件的安装路径，建议选择非系统盘的其他磁盘，并点击"Next"按钮进入下一步。

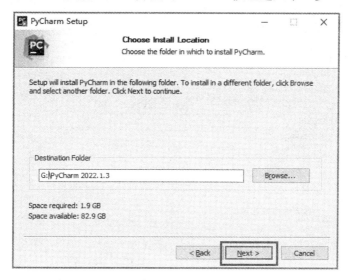

图 1-54　PyCharm 安装路径选择界面

　　然后根据需求选择需要的选项，为了后续不需要手动配置环境路径，可以将"Add "bin" folder to the PATH"选项勾选上，如图 1-55 所示，完成后点击"Next"按钮。

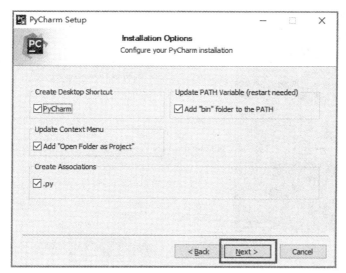

图 1-55　PyCharm 安装选项选择界面

跳转后进入安装确认界面，如图 1-56 所示。直接点击"Install"按钮进行安装，安装时间大约为 5 分钟。

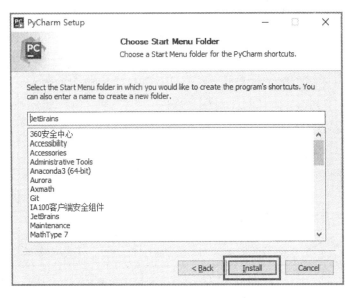

图 1-56　PyCharm 安装确认界面

如图 1-57 所示，直接点击"Finish"完成安装。

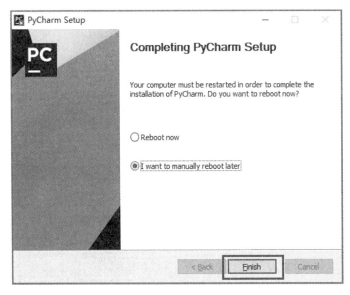

图 1-57　PyCharm 安装完成界面

在安装界面双击"PyCharm 2022.1.3"图标启动软件，同时会进入软件激活页面，如图 1-58 所示。选择"JB Account"选项，点击"Log In to JetBrains Account…"按钮，登录前面申请的 JetBrains 账号即可激活 PyCharm。

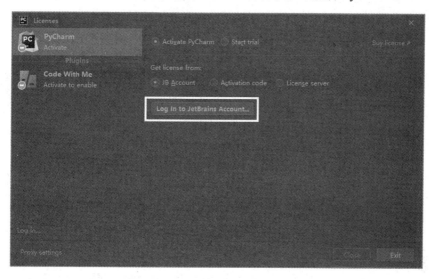

图 1-58　PyCharm 账号登录界面

激活成功后系统显示如图 1-59 所示，软件使用有效期为一年，点击"Exit"选项即可。

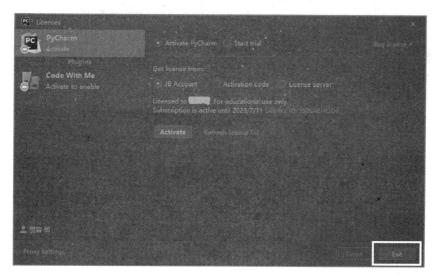

图 1-59　PyCharm 激活显示界面

3) 配置 PyCharm 项目环境

在前面 Anaconda 的使用部分已经介绍了环境创建和相关依赖包的安装方法，我们可以根据实际开发需要先创建好环境并安装相关依赖包。然后在 PyCharm 新建项目页面配置合适的解释器，选择先前配置的解释器。如图 1-60 所示，找到 Anaconda 目录下新建环境的"python.exe"文件后点击创建，就可以在编程过程中使用该 Conda 环境。

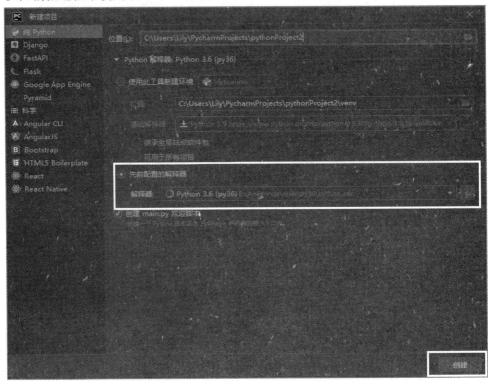

图 1-60   PyCharm 的 Python 环境配置界面

五、实验总结

1. 阐述实验过程

本实验主要帮助同学们掌握人工智能课程的基础实验平台的搭建方法，主要包括 Matlab、Anaconda 和 PyCharm 三款软件的安装激活以及相关的配置过程。

2. 理解实验原理

本书后续包含的五个实验将使用 Matlab 与 Python 两种语言进行开发实现。

Matlab 语言依托 Matlab 平台，且已拥有大量封装好的框架，同学们可以在实验中根据需求安装。Python 语言开发主要依托 Anaconda 与 PyCharm 实现，Anaconda 是一个 Python 环境管理器，我们可以使用它创建不同 Python 版本以及不同依赖包的环境。而 PyCharm 是一种 Python IDE，其与 Anaconda 配合使用，可以在不同环境中开发并调试代码，无需安装多个不同 Python 解释器。

3. 分析实验问题

本实验不存在理论难度，但根据电脑系统以及其他实际安装情况不同，安装过程中可能会出现一些其他问题。请同学们将这些问题进行总结，分析问题出现的原因，并给出相关的解决方法。

4. 达到实验目的

希望通过本次实验，帮助同学们掌握 Anaconda 环境创建、深度学习框架 Pytorch 的安装以及 PyCharm 项目的 Python 解释器的配置方法，为后续实验的开展提供平台基础。

六、思考

本实验只是为同学们提供一个基础平台搭建的指导，大家可以根据自己的实际需求选择不同的软件或者不同的编程语言。同时，本书后续实验的编程案例主要使用 Python 作为编程语言，同学们可以自行选择合适的语言完成编程任务，包括但不限于 Matlab 和 Python。另外，请同学们对比思考 Matlab 和 Python 语言的各自优势。

实验 1 基础平台搭建

实验2 谓词问题——猴子摘香蕉

一、实验目的

1. 熟悉谓词逻辑表示法。
2. 掌握由初始状态到目标状态的谓词。
3. 掌握人工智能谓词逻辑中的经典例子——猴子摘香蕉问题的编程实现。

二、实验背景

利用一阶谓词逻辑求解猴子摘香蕉问题：假设房内有一只猴子、一个箱子，天花板上挂了一串香蕉，其位置如图 2-1 所示，猴子为了拿到香蕉，它必须把箱子搬到香蕉下面，然后再爬到箱子上。对于上述问题，请定义必要的谓词，列出问题的初始化状态(如图 2-1 所示)、目标状态(猴子拿到了香蕉，站在箱子上，箱子位于位置 b)。要求通过 Python 语言编程实现猴子摘香蕉问题的求解过程。(附加：从初始状态到目标状态的谓词演算过程。)

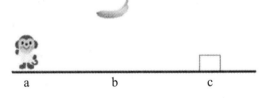

图 2-1　猴子摘香蕉问题描述图

三、实验原理

在求解一个谓词问题时，会涉及两个方面的内容：一方面是该问题的表示；另一方面则是针对该问题,分析其特征,选择一种相对合适的方法进行具体求解。

谓词逻辑方法是一种用途广泛的知识表达方法，是"命题逻辑"的扩充和发展。谓词逻辑将原子命题分解成客体和谓词两个组成部分。例如我们可以用 monkey(x)来表示"x 是猴子",其中 x 可以表示任何猴子的客体,而 monkey 则是"谓词"。另外,对于谓词公式 P(x)而言,x 可以为一个谓词,此时 P(x)为二阶谓词,x 为一阶谓词。一阶谓词逻辑是谓词逻辑中最直观的一种逻辑,它以谓词的形式来表达工作的主体和客体,在猴子摘香蕉问题中,我们使用的就是一阶谓词逻辑来对环境、动作进行定义和推理。

　　状态空间搜索法是一种较为常见的问题求解方法。在人工智能技术中,我们把描述问题的有向图称为状态空间图,图中的节点代表问题的一种状态;边表示节点之间的某种联系,如某种规则、操作、变换、算则、通道或关系等。在状态图中,从初始节点到目标节点的一条路径,或者所找的目标节点就是相应问题的一个解。状态空间图实际上是很多实际问题(路径规划、定理证明、演绎推理、机器人行动规划等)的抽象表示。在猴子摘香蕉问题中,我们能够用状态图的方式来描述问题的状态,直观、显式地描述并解决问题。

四、实验内容

1. 实验环境搭建

　　本实验使用 Python 编程语言实现,代码在 PyCharm 编译环境下运行。环境配置安装指导见前文。

2. 数据导入

　　本实验无需进行数据导入。

3. 实施算法

1) 算法流程

(1) 定义描述环境状态的谓词,其相关内容如下:

AT(x, w):x 在 w 处,个体域:$x \in \{monkey\}$,$w \in \{a, b, c, box\}$;

HOLD(x, t):x 手中拿着 t,个体域:$t \in \{box, banana\}$;

EMPTY(x):x 手中是空的;

ON(t, y):t 在 y 处,个体域:$y \in \{b, c, ceiling\}$;

CLEAR(y):y 上是空的;

BOX(u):u 是箱子;个体域:$u \in \{box\}$;

BANANA(v):v 是香蕉,个体域:$v \in \{banana\}$。

(2) 使用谓词、连结词、量词来表示环境状态。

问题的初始状态可以表示为

S0：AT(monkey, a) EMPTY(monkey) ON(banana, ceiling) CLEAR(b) BOX(box) BANANA(banana)

目标状态可以表示为

Sg：AT(monkey, box) HOLD(monkey, banana) ON(box, b) CLEAR(ceiling) CLEAR(c) BOX(box) BANANA(banana)

(3) 从初始状态到目标状态的转化，猴子需要完成一系列操作，定义操作类谓词表示其动作，具体可以表示为

WALK(m, n)：猴子从 m 走到 n 处，m, n∈{a, b, c}；

CARRY(s, r)：猴子在 r 处推箱子，个体域：r∈{a, b, c}, s∈{box}；

GRASP()：猴子拿香蕉；

CLIMB(u, b)：猴子在 b 处爬上 u。

上述 3 个操作也可以分别用条件和动作来表示。条件直接用谓词公式表示，是为完成相应操作所具备的条件。当条件中的事实使其为真时，则可以激活操作规定，于是可执行该规则中的动作部分。动作通过前后状态的变化表示，即通过从动作前删除或增加谓词公式来描述动作后的状态。

(4) 操作。具体内容如下：

① WALK(m, n)：猴子从 m 走到 n 处。

条件：AT(monkey, m)；

动作：删除 AT(monkey, m)，增加 AT(monkey, n)。

② CARRY(s, r)：猴子在 r 处拿到 s。

条件：AT(monkey, r) EMPTY(monkey) ON(s, r) BOX(box) BANANA(banana)；

动作：删除 EMPTY(monkey)^ON(s, r)，增加 HOLD(monkey, s)。

③ CLIMB(u, b)：猴子在 b 处爬上 u。

条件：AT(monkey, b) HOLD(monkey, u) BOX(box) BANANA(banana)；

动作：删除 AT(monkey, b) HOLD(monkey, u) CLEAR()，增加 AT(monkey, u) EMPTY(monkey) ON(u, c)。

(5) 按照行动计划，一步步进行状态替换，直至目标状态。具体内容如下：

AT(monkey, a) EMPTY(monkey) ON(box, b) ON(banana,c) BOX(box) BANANA(banana)：猴子在 a 处，没香蕉，盒在 b 处，香蕉在 c 处；

AT(monkey,b) EMPTY(monkey) ON(box,b) ON(banana,c) BOX(box) BANANA(banana)：猴子到 b 处，没香蕉，盒在 b 处，香蕉在 c 处；

AT(monkey,b) HOLD(monkey,box) ON(banana, c) BOX(box) BANANA(banana)：猴子在 b 处，猴子拿盒子，香蕉在 c 处；

AT(monkey, c) HOLD(monkey, box) ON(banana,c) BOX(box) BANANA(banana)：
猴子拿盒到 c 处，香蕉在 c 处；

AT(monkey, box) EMPTY(monkey) ON(box, c) ON(banana, c) BOX(box)
BANANA(banana)：猴子站在盒子上，没拿香蕉，盒在 c 处，香蕉在 c 处；

AT(monkey, box) HOLD(monkey, banana) ON(box, c) BOX(box)
BANANA(banana)：猴子站在盒子上，拿到香蕉，盒子在 c 处(目标得解)。

猴子行动的规则序列是：

WALK(a, b)→CARRY(b, box)→WALK(b, c)→CLIMB(box, c)→GRASP()

问题的状态可用 4 元组(w, x, y, z)表示。其中 w 表示猴子的位置；x 表示箱子的位置；y 表示猴子是否在箱子上，当猴子在箱子上时，y 取 1，否则 y 取 0；z 表示猴子是否拿到香蕉，当拿到香蕉时 z 取 1，否则 z 取 0。

如上所述，所有可能的状态有：

① S0：(a, b, 0, 0) 初始状态；

② S1：(b, b, 0, 0)；

③ S2：(c, c, 1, 0)；

④ S3：(c, c, 1, 1) 目标状态。

所有可能的操作在原理部分已经阐述。猴子摘香蕉问题的状态空间图如图
2-2 所示。

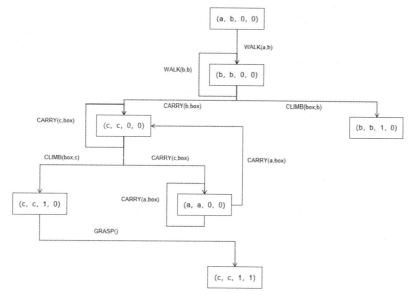

图 2-2 猴子摘香蕉问题的状态空间图

2) 算法实例

(1) 基础实验实例。

从前面的算法分析部分，我们已经了解到从初始状态到目标状态的最短路径为：WALK(a,b)→CARRY(b,box)→WALK(b,c)→CLIMB(box,c)→GRASP()。

由于需要使用控制台进行交互，输入猴子、箱子、香蕉的状态，需要导入 sys 包，具体代码如下：

```
1. import sys
```

定义猴子走向箱子的方法，其代码如下：

```
1. def Monkey_go_box(x,y):
2.     global i
3.     i=i+1
4.     print('step:',i,'monkey 把箱子从',x,'运到'+y)
```

定义猴子移动箱子的方法，其代码如下：

```
1. def Monkey_move_box(x,y):
2.     global i
3.     i=i+1
4.     print('step:',i,'monkey 把箱子从',x,'运到'+y)
```

定义猴子爬上箱子的方法，其代码如下：

```
1. def Monkey_on_box():
2.     global i
3.     i = i + 1
4.     print('step:', i, 'monkey 爬上箱子')
```

定义猴子摘到香蕉的方法，其代码如下：

```
1. def Monkey_get_banana():
2.     global i
3.     i = i + 1
4.     print('step:', i, 'monkey 摘到香蕉')
```

为了记录猴子摘香蕉的执行步骤，定义全局变量 i，其代码如下：

```
1. i=0
```

读取输入的运行参数，并读取对应的位置参数，其代码如下：

```
1. print('请输入猴子，香蕉，箱子的位置')
2. codeIn=sys.stdin.read()
3. codeInList=codeIn.split()
```

```
4. monkey=codeInList[0]
5. banana=codeInList[1]
6. box=codeInList[2]
```

由状态图分析可得,猴子摘香蕉的具体步骤可直接调用对应函数实现,其代码如下:

```
1. print('操作步骤如下: ')
2. #请用最少步骤完成猴子摘香蕉任务
3. ###########开始###########
4. Monkey_go_box(monkey, box)
5. Monkey_move_box(box, banana)
6. Monkey_on_box()
7. Monkey_get_banana()
```

注:由于输入方式 codeIn=sys.stdin.read() 和 codeInList=codeIn.split() 的特殊性,如果使用 PyCharm 编译器运行此代码,则输入"a b c"(中间有空格)之后,还需按下 Ctrl + D 键即可得到运行结果。

(2) 进阶实验实例。

此外,如果要对猴子的状态进行分类分析,例如区分猴子的位置(是否在箱子上),是否已经摘到香蕉,则问题解决的步骤会出现多种不同的情况。

与基础实验相同,需要定义猴子走向箱子,猴子推箱子,猴子爬上箱子,猴子摘香蕉,猴子爬下箱子几个基本函数。具体内容如下:

```
1. def monkey_go_box(monkey,box):
2.     global i   #步数
3.     i+=1
4.     print("step "+str(i)+": "+"Monkey 从"+monkey+"走向"+box)
5. def monkey_push_box(box,banana):
6.     global i
7.     i+=1
8.     print("step "+str(i)+":"+"Monkey 将箱子从"+box+"推向"+banana)
9. def monkey_clim_box():
10.     global i
11.     i+=1
12.     print("step "+str(i)+": "+"Monkey 爬上箱子")
13. def monkey_grasp():
```

```
14.      global i
15.      i+=1
16.      print("step "+str(i)+": "+"Monkey 摘到香蕉")
17. def monkey_drop():
18.      global i
19.      i+=1
20.      print("step "+str(i)+": "+"Monkey 爬下箱子")
```

定义程序入口函数，提示用户输入对应参数，并获取猴子、香蕉、箱子的状态，即位置，具体入口函数代码如下：

```
1. if __name__ == "__main__":
2.      i=0
3.      print("请输入 monkey 位置，猴子是否在箱子上(1: 在，0: 不在)以及猴子是否
           摘取香蕉(1: 是，0: 否)，香蕉的位置，箱子的位置:")
4.      monkey,monkey_y,monkey_re,banana,box=input().split(",")
```

由于需要根据不同的状态进行对应的操作，因此定义循环来处理不同状态下的具体状态转移。具体代码如下：

```
1.      while True:
```

进入循环，定义不同状态，箱子和猴子不在一起才能走向箱子。具体代码如下：

```
1. if monkey!=box:
2.      monkey_go_box(monkey,box)
3.      monkey=box
4.      continue
```

猴子跟箱子在一起且不跟香蕉在一起以及猴子不在箱子上才能推。具体代码如下：

```
1. if box!=banana and monkey==box and monkey_y!="1":
2.      monkey_push_box(box,banana)
3.      monkey=box=banana
4.      continue
```

猴子不在箱子上并且猴子跟箱子在一起才能爬。具体代码如下：

```
1. if monkey_y!="1" and monkey==box:
2.      monkey_clim_box()
```

```
3.      monkey_y="1"
4.      continue
```

猴子在箱子上并且箱子跟香蕉在一起以及猴子没有摘取香蕉才能摘取香蕉。具体代码如下：

```
1. if monkey_y=="1" and box==banana and monkey_re!="1":
2.      monkey_grasp()
3.      monkey_re="1"
4.      continue
```

猴子在箱子上但箱子不跟香蕉在一起才能爬下箱子。具体代码如下：

```
1. if monkey_y=="1" and box!=banana:
2.      monkey_drop()
3.      monkey_y="0"
4.      continue
```

猴子取到香蕉结束。具体代码如下：

```
1. if monkey_re =="1":
2.      break
```

3) 实验结果分析

基础实验的实验结果如图 2-3 所示。可见，当给定猴子、香蕉、箱子位置时，程序能够按照既定解决办法，求解猴子摘香蕉问题。

```
ModuleNotFoundError: No module named 'numpy.core._multiarray_umath'
a b c
^D
操作步骤如下：
step 1: monkey从 a 走到c
step 2: monkey把箱子从 c 运到b
step 3: monkey爬上箱子
step 4: monkey摘到香蕉
```

图 2-3　猴子摘香蕉基础实验结果

而进阶实验的实验结果如图 2-4、图 2-5 以及图 2-6 所示。实验结果表明，考虑猴子、香蕉、箱子的状态，根据不同的状态，程序能够提出不同的解决办法。

```
ModuleNotFoundError: No module named 'numpy.core._multiarray_umath'
请输入monkey位置，猴子是否在箱子上(1:在, 0:不在)以及猴子是否摘取香蕉(1:是, 0:否)，香蕉的位置，箱子的位置:
a,0,0,b,c
step 1: Monkey从a走向c
step 2: Monkey将箱子从c推向b
step 3: Monkey爬上箱子
step 4: Monkey摘到香蕉
```

图 2-4　猴子、香蕉、箱子分别在 a、b、c 处，猴子不在箱子上，没摘到香蕉的实验结果

```
请输入monkey位置，猴子是否在箱子上(1:在，0:不在)以及猴子是否摘取香蕉(1:是，0:否)，香蕉的位置，箱子的位置：
ModuleNotFoundError: No module named 'numpy.core._multiarray_umath'
b,1,0,c,b
step 1: Monkey爬下箱子
step 2: Monkey将箱子从b推向c
step 3: Monkey爬上箱子
step 4: Monkey摘到香蕉
```

图 2-5　猴子、香蕉、箱子分别在 b、c、b 处，猴子在箱子上，没摘到香蕉的实验结果

```
ModuleNotFoundError: No module named 'numpy.core._multiarray_umath'
请输入monkey位置，猴子是否在箱子上(1:在，0:不在)以及猴子是否摘取香蕉(1:是，0:否)，香蕉的位置，箱子的位置：
a,1,1,a,a

Process finished with exit code 0
```

图 2-6　猴子、香蕉、箱子都在 a 处，猴子在箱子上，摘到香蕉的实验结果

　　一阶谓词逻辑具有完备的逻辑推理算法，如果对逻辑的某些外延扩展后，则可把大部分的知识表示成一阶谓词逻辑的形式。在基础实验中，我们对猴子、箱子、香蕉的状态以及猴子的相关动作分别用谓词逻辑的形式进行表示，确定初始状态和目标状态，经过一系列的操作从而实现从初始状态转换到对应的目标状态。

　　我们从代码中可以看到，谓词逻辑的相关推理是根据形式逻辑进行的，把推演运算和知识含义分开，而抛弃了表达内容中所包含的语义信息，从而使得推理过程过于冗长，效率较低；另外，谓词逻辑还存在不便于表达以及无法加入启发性知识的问题。

五、实验总结

1. 阐述实验过程

　　首先，需要定义与问题相关的谓词，这些谓词表达了事物之间的关系。然后，需要明确问题的初始状态和目标状态，而如何从初始状态转移到目标状态，猴子需要进行一系列的操作，因此我们需要定义操作的谓词表示。最后，通过逻辑推理，猴子每进行一步推理，就进入到下一个中间状态，最终达到目标状态，从而使问题得到解决。

2. 理解实验原理

　　谓词逻辑是命题逻辑的扩充和发展，它将一个子命题分解成客体和谓词两个组成部分。而一阶谓词逻辑是谓词逻辑中最直观的一种逻辑，表达了事物之间最直接的关系。此外，实验中还涉及到状态转换。状态转换图是对一个问题的表示，通过问题表示，人们可以探索和分析通往解的可能的可替代路径。

特定问题的解将对应状态空间图中的一条路径。

3. 分析实验问题

对于一般性的谓词问题的求解，一般分为两个方面：一方面是问题的表示；另一方面则是针对该问题的特征，需要选择一种相对合适的解决办法。在猴子摘香蕉问题的求解过程中，首先需要做的就是将猴子、香蕉、箱子的位置，猴子的各种操作进行谓词表示，然后从题目实际出发，思考从初始状态到目标状态之间的各种状态的转换，最后从状态空间图中找到一条最优解。

4. 达到实验目的

通过猴子摘香蕉问题的求解，读者应该能熟练使用谓词逻辑方法分析并推理问题；并能够使用状态空间转换法实现从问题的初始状态到目标状态的转换，从状态空间图中找到一条最优解；同时能够利用 Python 等编程语言实现谓词问题求解任务。

六、思考

通过本实验的学习，同学们已基本掌握了谓词问题的求解方法。请结合实验过程中遇到的问题，进一步思考以下几个问题：

(1) 谓词逻辑表达法有哪些局限性？

(2) 状态空间转换法有哪些局限性？

(3) 谓词逻辑表达法和状态空间法分别适用于哪些场景？

一、实验目的

1. 理解和掌握产生式知识表示方法。
2. 能够利用产生式知识表示方法进行正向推理和反向推理。
3. 能够用 Python 语言建立产生式系统的规则库。

二、实验背景

建立一个动物识别系统的规则库，用以识别虎、豹、斑马、长颈鹿、企鹅、鸵鸟、信天翁等 7 种动物。

为了识别这些动物，可以根据动物识别的特征，建立包含下述规则的规则库(总共 15 条)：

R1：if 动物有毛发 then 动物是哺乳动物。

R2：if 动物有奶 then 动物是哺乳动物。

R3：if 动物有羽毛 then 动物是鸟。

R4：if 动物会飞 and 会生蛋 then 动物是鸟。

R5：if 动物吃肉 then 动物是食肉动物。

R6：if 动物有犀利牙齿 and 有爪 and 眼向前方 then 动物是食肉动物。

R7：if 动物是哺乳动物 and 有蹄 then 动物是有蹄类动物。

R8：if 动物是哺乳动物 and 反刍 then 动物是有蹄类动物。

R9：if 动物是哺乳动物 and 是食肉动物 and 有黄褐色 and 有暗斑点 then 动物是豹。

R10：if 动物是哺乳动物 and 是食肉动物 and 有黄褐色 and 有黑色条纹 then 动物是虎。

R11：if 动物是有蹄类动物 and 有长脖子 and 有长腿 and 有暗斑点 then 动

物是长颈鹿。

R12：if 动物是有蹄类动物 and 有黑色条纹 then 动物是斑马。

R13：if 动物是鸟 and 不会飞 and 有长脖子 and 有长腿 and 有黑白二色 then 动物是鸵鸟。

R14：if 动物是鸟 and 不会飞 and 会游泳 and 有黑白二色 then 动物是企鹅。

R15：if 动物是鸟 and 善飞 then 动物是信天翁。

如果动物有暗斑点、有长脖子、有长腿、有奶、有蹄，请推理出是什么动物。

三、实验原理

产生式系统(Production System)是历史悠久且被使用最多的知识表示系统。产生式系统是用来描述若干不同的以一个基本概念为基础的系统。这个基本概念就是产生式规则或产生式条件和操作的概念。在产生式系统中，知识一般分为两个部分：用事实表示静态知识，如事物和事物之间的联系；用产生式规则表示推理过程和行为。通常一个产生式系统包含事实库、规则集和规则解释(控制器) 3 个部分，其基本结构如图 3-1 所示。

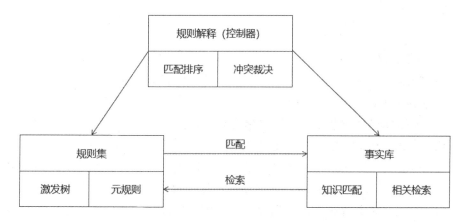

图 3-1　产生式系统基本构图

事实库存放已有的知识信息数据，包括推理过程中形成的中间结论知识，规则及存储有关问题的状态转移、性质变换等规则的过程型知识。每条规则分为左部和右部两个部分，左部表示激活该产生式规则的条件，右部表示调用该产生式规则后做出的动作。规则解释(控制器)根据有关的控制型知识，选择控制策略，将规则与事实进行匹配，控制和利用知识进行推理并求解问题。从选择规则到执行操作通常分为三步：匹配、冲突消解和操作。其中由匹配器负责判断规则条件是否成立；冲突消解负责选择可调用的规则；解释器负责执行规则的动作，并在满足结束条件时终止产生式系统的运行。

利用产生式系统求解问题一般归纳为以下步骤：

(1) 事实库初始化。

(2) 若存在未使用规则前提下能与事实库相匹配则转(3)，否则转(5)。

(3) 使用规则，更新事实库，并标记所用规则。

(4) 判定事实库是否包含解。若包含，则终止求解过程，否则转(2)。

(5) 要求更多关于问题的信息，若不能提供索要信息，则求解失败，否则更新事实库并转(2)。

四、实验内容

1. 实验环境搭建

本实验使用 Python 编程语言进行实现，代码在 PyCharm 编译环境下运行。环境配置安装指导见前文。

2. 数据导入

本实验无需导入数据。

3. 实施算法

1) 算法流程

算法共分为以下 7 个步骤：

(1) 初始化综合数据库，即把欲解决问题的已知事实送入综合数据库中。

(2) 检查规则库中是否有未使用过的规则，若无则转到步骤(7)。

(3) 检查规则库的未使用规则中是否有其前提可与综合数据库中已知事实相匹配的规则，若有，则形成当前可用规则集，否则转到步骤(6)。

(4) 按照冲突消解策略，从当前可用规则集中选择一个规则执行，并对该规则做上标记。把执行该规则后所得到的结论作为新的事实放入综合数据库，如果该规则的结论是一些操作，则执行这些操作。

(5) 检查综合数据库中是否包含了该问题的解，若已包含，则说明解已求出，问题求解过程结束，否则转到步骤(2)。

(6) 当规则库中还有未使用规则，但均不能与综合数据库中的已有事实相匹配时，要求用户进一步提供关于该问题的已知事实，若能提供，则转步骤(2)，否则执行下一步。

(7) 若知识库中不再有未使用规则，也说明该问题无解，终止问题求解过程。

说明：从第(3)步到第(5)步的循环过程实际上就是一个搜索过程。

2) 算法实例

设计综合数据库的算法实例如下：

```
1. features = ["有奶", "有毛发", "有羽毛", "会飞", "会生蛋",
2.             "吃肉", "有犀利牙齿", "有爪", "眼向前方", "有蹄",
3.             "反刍", "黄褐色", "有暗斑点", "有黑色条纹", "有长脖子",
4.             "有长腿", "不会飞", "会游泳", "有黑白二色", "善飞",
5.             "哺乳动物", "鸟", "食肉动物", "有蹄类动物", "豹",
6.             "虎", "长颈鹿", "斑马", "鸵鸟", "企鹅",
7.             "信天翁"]
```

设计规则库的算法实例如下：

```
1. rule1 = [2]      # if 动物有毛发 2 then 动物是哺乳动物 21
2. rule2 = [1]      # if 动物有奶 1 then 动物是哺乳动物 21
3.
4. rule3 = [3]      # if 动物有羽毛 3 then 动物是鸟 22
5. rule4 = [4, 5]   # if 动物会飞 4 and 会生蛋 5 then 动物是鸟 22
6.
7. rule5 = [6]      # if 动物吃肉 6 then 动物是食肉动物 23
8. rule6 = [7, 8, 9] # if 动物有犀利牙齿 7 and 有爪 8 and 眼向前方 9 then 动物是食肉动物 23
9.
10. rule7 = [21, 10]   # if 动物是哺乳动物 21 and 有蹄 10 then 动物是有蹄类动物 24
11. rule8 = [21, 11]   # if 动物是哺乳动物 21 and 反刍 11 then 动物是有蹄类动物 24
12.
13. rule9 = [21, 23, 12, 13]   # if 动物是哺乳动物 21 and 是食肉动物 23 and 有黄褐色 12 and
                              有暗斑点 13 then 动物是豹 25
14. rule10 = [21, 23, 12, 14] # if 动物是哺乳动物 21 and 是食肉动物 23 and 有黄褐色 12 and
                              有黑色条纹 14 then 动物是虎 26
15. rule11 = [24, 15, 16, 13] # if 动物是有蹄类动物 24 and 有长脖子 15 and 有长腿 16 and
                              有暗斑点 13 then 动物是长颈鹿 27
16. rule12 = [24, 14]   # if 动物是有蹄类动物 24 and 有黑色条纹 14 then 动物是斑马 28
```

17. rule13 = [22, 17, 16, 15, 19] # if 动物是鸟 22 and 不会飞 17 and 有长脖子 15 and

有长腿 16 and 有黑白二色 19 then 动物是鸵鸟 29

18. rule14 = [22, 17, 18, 19] # if 动物是鸟 22 and 不会飞 17 and 会游泳 18 and

有黑白二色 19 then 动物是企鹅 30

19. rule15 = [22, 4, 5] # if 动物是鸟 22 and 善飞 20 and 会生蛋 5 then 动物是信天翁 31

(1) 基础实验实例(正向推理)。

本实验通过 input 手动选择特征生成事实数据库，根据这些特征推理出其他动物特征，最终推理出动物种类。正向推理代码如下：

```
1. answer = input('\n 请选择动物的特征编号，用空格隔开，回车结束输入：')
2. # 接收到的 answer 是一个字符串
3. answer = list(answer.split())
4. new_answer = [int(x) for x in answer]
5. print("事实库：", new_answer)
```

判断输入的事实库是否包含规则 1～8 的集合，如果包含则向事实数据库中加入相应规则对应的事实，如：选择特征中如果包含特征 2 则可根据 rule1：if 动物有毛发 2 then 动物是哺乳动物 21，向事实数据库中加入特征 21。具体实现代码如下：

```
1. print("正向推理过程如下：")
2. if set(rule1)<=set(new_answer):
3.      print('rule1：2->21\tif 动物有毛发 2 then 动物是哺乳动物 21')
4.      new_answer.append(21)
5. if set(rule2)<=set(new_answer):
6.      print('rule2：1->21\tif 动物有奶 1 then 动物是哺乳动物 21')
7.      new_answer.append(21)
8. if set(rule3)<=set(new_answer):
9.      print('rule3：3->22\tif 动物有羽毛 3 then 动物是鸟 22')
10.      new_answer.append(22)
11. if set(rule4)<=set(new_answer):
12.      print('rule4：4+5->22\tif 动物会飞 4 and 会生蛋 5 then 动物是鸟 22')
13.      new_answer.append(22)
14. if set(rule5)<=set(new_answer):
15.      print('rule5：6->23\tif 动物吃肉 6 then 动物是食肉动物 23')
16.      new_answer.append(23)
```

17. if set(rule6)<=set(new_answer):

18.　　print('rule6：7+8+9->23\tif 动物有犀利牙齿 7 and 有爪 8 and 眼向前方 9 then 动物是食肉动物 23')

19.　　new_answer.append(23)

20. if set(rule7)<=set(new_answer):

21.　　print('rule7: 21+10->24\tif 动物是哺乳动物 21 and 有蹄 10 then 动物是有蹄类动物 24')

22.　　new_answer.append(24)

23. if set(rule8)<=set(new_answer):

24.　　print('rule8: 21+11->24\tif 动物是哺乳动物 21 and 反刍 11 then 动物是有蹄类动物 24')

　　判断输入的事实数据库是否包含规则 9～15 的集合，如果包含则输出相应规则所对应的动物；如：经过上述规则 1～8 推理后的事实数据库为[4, 5, 21, 22]，rule15 = [22, 20, 5]为其子集，则可判定动物为信天翁 31。具体实现代码如下：

1. print("正向推理结果为：",new_answer)

2. if set(rule9)<=set(new_answer):

3.　　print("if 动物是哺乳动物 21 and 是食肉动物 23 and 有黄褐色 12 and 有暗斑点 13 then 动物是豹 25")

4.　　print("结果为：", end=" ")

5.　　print(features[24])

6. elif set(rule10)<=set(new_answer):

7.　　print("if 动物是哺乳动物 21 and 是食肉动物 23 and 有黄褐色 12 and 有黑色条纹 14 then 动物是虎 26")

8.　　print("结果为：", end=" ")

9.　　print(features[25])

10. elif set(rule11)<=set(new_answer):

11.　　print("if 动物是有蹄类动物 24 and 有长脖子 15 and 有长腿 16 and 有暗斑点 13 then 动物是长颈鹿 27")

12.　　print("结果为：", end=" ")

13.　　print(features[26])

14. elif set(rule12)<=set(new_answer):

15.　　print("if 动物是有蹄类动物 24 and 有黑色条纹 14 then 动物是斑马 28")

16.　　print("结果为：", end=" ")

17.　　print(features[27])

```
18. elif set(rule13)<=set(new_answer):
19.     print("if 动物是鸟 22 and 不会飞 17 and 有长脖子 15 and 有长腿 16 and 有黑
        白二色 19 then 动物是鸵鸟 29")
20.     print("结果为：", end=" ")
21.     print(features[28])
22. elif set(rule14)<=set(new_answer):
23.     print("if 动物是鸟 22 and 不会飞 17 and 会游泳 18 and 有黑白二色 19 then
        动物是企鹅 30")
24.     print("结果为：", end=" ")
25.     print(features[29])
26. elif set(rule15)<=set(new_answer):
27.     print("if 动物是鸟 22 and 善飞 20 and 会生蛋 5 then 动物是信天翁 31")
28.     print("结果为：", end=" ")
29.     print(features[30])
```

(2) 进阶实验实例(逆向推理)。

输入事实数据库和目标动物，具体代码如下：

```
1. animal=int(input('\n 请选择动物的种类编号，回车结束输入：'))
2. answer = input('\n 请选择动物的特征编号，用空格隔开，回车结束输入：')
3. #接收到 answer 是一个字符串
4. answer = list(answer.split())
5. new_answer = [int(x) for x in answer]
6. print("事实库：", new_answer)
```

根据规则 9～15 将对应动物所需的事实导出，如选择动物金钱豹 25，则所需事实为：[21, 23, 12, 13]。具体实现代码如下：

```
1. print("逆向推理过程如下：")
2. real=[]
3. if animal==25:
4.     print(features[animal-1],'rule9：25->21,23,12,13    if 动物是哺乳动物 21 and 是
        食肉动物 23 and 有黄褐色 12 and 有暗斑点 13 then 动物是豹 25')
5.     real=rule9
6. elif animal==26:
```

7.   print(features[animal-1],'rule10：26->21,23,12,14 if 动物是哺乳动物 21 and 是食肉动物 23 and 有黄褐色 12 and 有黑色条纹 14 then 动物是虎 26')

8.   real=rule10

9. elif animal==27:

10.   print(features[animal-1],'rule11：27->24, 15, 16, 13 if 动物是有蹄类动物 24 and 有长脖子 15 and 有长腿 16 and 有暗斑点 13 then 动物是长颈鹿 27')

11.   real=rule11

12. elif animal==28:

13.   print(features[animal-1],'rule12：28->24, 14 if 动物是有蹄类动物 24 and 有黑色条纹 14 then 动物是斑马 28')

14.   real=rule12

15. elif animal==29:

16.   print(features[animal-1],'rule13：29->22, 17, 15, 16, 19 if 动物是鸟 22 and 不会飞 17 and 有长脖子 15 and 有长腿 16 and 有黑白二色 19 then 动物是鸵鸟 29')

17.   real=rule13

18. elif animal==30:

19.   print(features[animal-1],'rule14：30->22, 17, 18, 19 if 动物是鸟 22 and 不会飞 17 and 会游泳 18 and 有黑白二色 19 then 动物是企鹅 30')

20.   real=rule14

21. elif animal==31:

22.   print(features[animal-1],'rule15：31->22, 20, 5 if 动物是鸟 22 and 善飞 20 and 会生蛋 5 then 动物是信天翁 31')

23.   real=rule15

循环遍历需要的事实列表，如[21, 23, 12, 13]。判断每一个元素是否在事实数据库中存在，如果存在则继续遍历，不存在则判断事实库中是否包含能够推出此事实的规则，如：特征 21 可根据规则 1、2 推理出，如果存在于数据库中则继续遍历，不存在则推理失败。具体实现代码如下：

```
1. key=0
2. for i in real:
3.        if i in new_answer:
4.            print(i)
5.            continue
6.        elif i ==21:
```

```
7.          if set(rule1)<=set(new_answer) :
8.              print("rule1:21->2  if 动物有毛发 2 then 动物是哺乳动物 21")
9.              continue
10.         elif set(rule2)<=set(new_answer):
11.             print("rule2:21->1  if 动物有奶 1 then 动物是哺乳动物 21")
12.             continue
13.     elif i==22:
14.         if set(rule3) <= set(new_answer):
15.             print("rule3:22->3   if 动物有羽毛 3 then 动物是鸟 22")
16.             continue
17.         elif set(rule4) <= set(new_answer):
18.             print("rule4:22->4,5  if 动物会飞 4 and 会生蛋 5 then 动物是鸟 22")
19.             continue
20.     elif i == 23:
21.         if set(rule5) <= set(new_answer):
22.             print("rule5:23->6  if 动物吃肉 6 then 动物是食肉动物 23")
23.             continue
24.         elif set(rule6) <= set(new_answer):
25.             print("rule6:23->7,8,9  if 动物有犀利牙齿 7 and 有爪 8 and 眼向前方
    9 then 动物是食肉动物 23")
26.             continue
27.     elif i == 24:
28.         if set(rule7) <= set(new_answer) :
29.             print("rule7:24->21,10  if 动物是哺乳动物 21 and 有蹄 10 then 动物
    是有蹄类动物 24")
30.             continue
31.         elif set(rule8) <= set(new_answer):
32.             print("rule8:24->21,11  if 动物是哺乳动物 21 and 反刍 11 then 动物
    是有蹄类动物 24")
33.             continue
34.     else:
35.         key=1
```

遍历事实数据库且每个事实都存在于事实数据库，则推理成功。其代码

如下：

```
1. if key==0:
2.         print("推理成功！")
3. elif key==1:
4.         print("推理失败！")
```

3) 实验结果分析

基础实验中，正向推理实验结果如图 3-2 所示，输入动物特征编号，经过正向推理过程扩充事实库，根据输出的规则得到最后的推理结果。可见，当输入特征为[4，5，21，22]时，推测结果是信天翁。

```
ModuleNotFoundError: No module named 'numpy.core._multiarray_umath'

请选择动物的特征编号，用空格隔开，回车结束输入：4 5 21 22
事实库： [4, 5, 21, 22]
正向推理过程如下：
rule4: 4+5->22  if 动物会飞4 and  会生蛋5 then  动物是鸟22
正向推理结果为： [4, 5, 21, 22, 22]
if 动物是鸟22 and善飞20 and 会生蛋5 then 动物是信天翁31
结果为： 信天翁
```

图 3-2　由特征正向推理动物类别实验结果

在进阶实验中，使用产生式系统进行逆向推理，结果如图 3-3 所示，输入动物种类编号和特征编号，根据动物种类逆向推理得到动物特征，与输入的特征进行比较，特征编号匹配则推理成功。可见，推理到的豹的特征是[21, 12, 13]。

```
ModuleNotFoundError: No module named 'numpy.core._multiarray_umath'

请选择动物的种类编号，回车结束输入：25

请选择动物的特征编号，用空格隔开，回车结束输入：21 22 12 13
事实库： [21, 22, 12, 13]
逆向推理过程如下：
rule9: 25->21,23,12,13  if 动物是哺乳动物21 and 是食肉动物23 and 有黄褐色12 and 有暗斑点13 then 动物是豹25
21
12
13
推导成功！
```

图 3-3　逆向推理豹特征实验结果

知识库中存在 15 条规则，能够区分豹、虎、长颈鹿、斑马、鸵鸟、企鹅、信天翁 7 种动物，但规则库中并不是简单地给每一种动物一条规则，而是每种动物可以对应多条规则。首先粗略地将动物分成哺乳类动物、鸟、食肉动物三大类，然后逐步缩小范围，最后给出识别 7 种动物的规则，利用以上规则很容易得到各种动物的推理网络。以豹为例，其推理网络如图 3-4 所示。

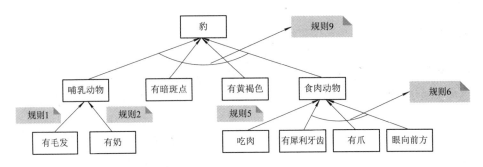

图 3-4 豹推理网络

在推理网络中，最高节点"豹"如果未假设或给出结论节点，那么该节点就没有输出弧线，当推理到本节点时，推理就结束。中间节点既有输入弧线，又有输出弧线，如节点"哺乳动物"，当推理到中间节点时，系统会自动将此中间结果存入综合数据库中，终端节点也成为事实节点，如节点"有犀利牙齿""有爪"等，这些节点没有输入弧线，可以通过综合数据库进行查询。终端节点一定为真。

五、实验总结

1. 阐述实验过程

本实验中的动物识别系统是一个典型的专家系统问题。其中知识库就是使用产生式规则表示的，因而专家系统可以看作是一个产生式系统；而事实库主要用于存放问题求解过程中的各种当前信息，包括原始事实、中间结论以及最终结论等；推理机构事实上是通过一段程序控制推理的进行，直至推理结束。一般来说，推理的终止包括两种情况：知识库中再无可用知识；经推理已经得到了问题的解。本实验首先设计相应的综合数据库，然后依据事实定义动物识别系统所需规则，形成规则库；根据综合数据库和规则库分别进行正向推理和反向推理，并得到对应的推理结果。

2. 理解实验原理

产生式系统是许多专家系统的主要知识表示手段，包括事实的表示和规则的表示两部分。系统工作时，使用者需要首先把所有可得到的事实收集在一起，然后在所有的产生式规则中逐个比较，以寻找与前项相匹配的规则。产生式系统的问题求解过程可以归纳如下：

(1) 事实库初始化。

(2) 若存在未使用规则的前提下能与事实库相匹配则转到(3)，否则转到(5)。

(3) 使用规则，更新事实库，并标记所用规则。

(4) 判定事实库是否包含解。若包含，则终止求解过程，否则转到(2)。

(5) 要求更多的关于问题的信息，若不能提供所要信息，则求解失败，否则更新事实库并转到(2)。

对于简单的产生式系统，其前提和结论部分都是一些简单的断言，而实用的产生式系统无论在结构上还是规模上都更为复杂。

3. 分析实验问题

本实验的动物识别系统的设计是一个典型的产生式系统问题。常见的产生式系统包括事实库、规则集和规则解释三个部分。在实验中分别对这三部分进行代码实现，并完成了由事实到结论的正向推理，以及从结论到事实的逆向推理。从实验结果中，我们发现产生式系统具有自然性、模块性、有效性、一致性等特点，同时，由于产生式系统的规则仅仅描述了前提条件和行为之间的静态关系，不便于结构性知识的表达，因此效率比较低。

4. 达到实验目的

通过动物识别系统的实现，同学们应该了解专家系统的三个重要组成部分：事实库、规则集、规则解释；掌握专家系统的正向推理和逆向推理过程；同时应该学会使用产生式系统推理简单问题并熟练应用 Python 等编程语言实现相关任务。

六、思考

通过本实验的学习，同学们已基本学会使用产生式系统推理简单问题。请结合实验中遇到的问题，进一步思考以下几个问题：

(1) 专家系统的开发需要哪些基本条件？

(2) 在什么情况下使用正向推理？什么情况下使用逆向推理？

(3) 专家系统适合解决什么样的问题？

一、实验目的

1. 学习并掌握启发式算法基本原理和实现方法。
2. 设计并改进启发式算法,比较几种常用的启发式估价函数。
3. 使用启发式算法实现八数码问题的求解。

二、实验背景

八数码问题是人工智能的一个经典问题。问题是在 3×3 的方格盘上放有八个数码,第九个位置为空,每个空格其上下左右的数码可移至空格位置。给定初始位置和目标位置,要求通过一系列数码移动,将初始位置转化为目标位置。

八数码问题的求解可以看作是一个搜索问题。如果把每个棋局作为一个节点,把每次移动作为边,则该问题可以由一个状态空间图来表示,问题求解就等同于在状态空间图中寻找初始位置节点和目标位置节点之间的路径。

三、实验原理

启发式算法是基于直观或经验构造的算法,在可接受的花费(指计算时间和内存空间消耗)下给出待解决组合优化问题每一个实例的可行解,该可行解与最优解的偏离程度一般不能被预计。

相比于盲目搜索方法,启发式算法利用与问题有关的信息从中得到启发来引导搜索,以达到减少搜索量的目的。虽然一个问题可能有确定解,但是搜索代价可能过高。搜索中生成扩展的状态数会随着搜索深度的增加呈指数级增长。在这种情况下,穷尽式搜索策略,例如宽度优先或深度优先搜索,在一个给定的时空内可能得不到最终解。启发式策略则通过引导向算法最有希望的方向进行搜索,进而降低了模型的复杂度。

启发式策略及算法设计一直是人工智能的重要问题,并且具有实际意义。

在问题求解中，搜索深度过深或是搜索分支过多可能会使得状态空间过大，需要通过启发式算法来剪枝以减少状态空间的大小。

启发式搜索通常由两部分组成：启发方法和基于该方法的搜索状态空间算法。对于八数码问题，状态空间大小有限，使用宽度优先搜索不用遍历全部状态空间，一旦得到可行解就是宽度优先搜索方法的最优解。而对于该问题，深度优先搜索需要遍历状态空间，搜索量更大。

宽度、深度优先搜索是搜索状态空间的最基本方法。宽度优先搜索法的搜索顺序如图 4-1 所示。按层搜索节点，从初始状态开始将该层所有状态搜索结束后再搜索下一层，直到搜索到目的状态或全部搜索完毕。

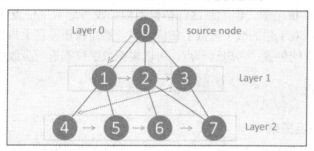

图 4-1　宽度优先搜索的搜索顺序

在实现宽度优先搜索时，为了保存状态空间搜索的轨迹，需要用到两个表：open 表和 closed 表。open 表包含了已经生成出来但其子状态未被搜索的状态。open 表中状态的排列次序就是搜索的次序。在宽度优先的搜索中，open 表中的状态均为相同或相邻层状态变化，相应的 closed 表记录了已被生成扩展过的状态。

启发式信息往往反映在估价函数之中。估价函数的任务就是估计待搜索节点的"有希望"程度，并依次给他们排定次序(在 open 表中)。估价函数 $f(x)$ 可以是如下任意一种函数，如节点 x 处于最佳路径上的概率，或 x 节点和目的节点之间的距离或差异，或 x 格局的得分等。一般来说，估价一个节点的价值，必须综合考虑两方面的因素：已经付出的代价和将要付出的代价。在此，把估价函数定义为从初始节点经过 n 节点到达目的节点的路径的最小代价估计值，其一般形式如下：

$$f(n) = g(n) + h(n)$$

其中，$g(n)$是从初始节点到 n 节点的实际代价，而 $h(n)$是从 n 节点到目的节点的最佳路径的估计代价。因为实际代价 $g(n)$可以根据已生成的搜索树实际计算出来，而估计代价 $h(n)$是对未生成的搜索路径做某种经验性的估计，这种估计来源于对问题解的某些特性的认知,希望依靠这些特征来更快地找到问题的解。因此,$h(n)$主要体现了搜索的启发信息。

在八数码问题中,搜索状态空间的方法选用宽度优先搜索。使用宽度优先搜索时,所搜索的层数就表示初始节点到 n 节点的实际代价。而八数码问题的估价函数可以有多种不同的设计。一般而言,最简单常见的估价函数是当前格局和目的格局相比在各个对应位置存在差异的数码数量。直观上来说这种估价函数很有效,因为在其他条件相同时,与目的状态位置不同的数码越少,则该状态与目的状态越接近。但是这种估价函数没有充分利用所能获得的信息,没有考虑移动数码的距离。因此,一种简单的改进是将各数码移动到目标状态的距离总和作为估价函数。但上述这些估价函数都没考虑数字位置等相关重要信息。例如,复原右下角的数字降低了估价函数,然而在还原左上角数字时可能会打乱右下角数字的位置。考虑这一点,可以根据数字位置进一步改进估价函数。

四、实验内容

1. 实验环境搭建

本实验使用 Python 编程语言进行实现,代码在 PyCharm 编译环境下运行。环境配置安装指导见前文。

2. 数据导入

本实验不需要从数据库导入数据,而是需要输入初始状态和目的状态。应当注意的是八数码问题并非一定有解。八数码问题每步操作并不会改变数字序列的逆序数的奇偶性。

在一个排列中,如果一对数的前后位置与大小顺序相反,即前面的数大于后面的数,那么它们就称为一个逆序。一个排列中逆序的总数就称为这个排列的逆序数。也就是说,对于 n 个不同的元素,先规定各元素之间有一个标准次序(例如 n 个不同的自然数,可规定从小到大为标准次序),于是在这 n 个元素的任一排列中,当某两个元素的实际先后次序与标准次序不同时,就说明有 1 个逆序。一个排列中所有逆序总数叫作这个排列的逆序数。

不考虑 0 元素,将八个数字按需排列,计算数列的逆序数,即各个数字之前比自己大的数字的个数。每次左右移动 0 元素并不会改变八个数字的前后顺序,即不改变数列的逆序数。当上下移动 0 元素时,数列的逆序数可能会加 2 减 2 或者不变。移动不会改变逆序数的奇偶性,即只有初始状态和目的状态逆序数奇偶性相同时问题才有解。

3. 实施算法

1) 算法流程

根据上文分析，针对八数码问题应选用宽度优先搜索。创建 open 表和 close 表，初始时 open 表只有初始节点，close 表为空。每次取出 open 表的第一个元素搜索其子节点，将该节点放入 close 表以表示搜索完毕。将该节点的子节点进行判断，若其不在 open 表和 close 表中，则将其添加至 open 表等待后续搜索。

引入启发式算法后需要添加估价函数，将启发信息和搜索深度之和作为该节点的估值。在原有的宽度优先搜索的基础之上，不再简单将子节点添加至 open 表中，而是将所有未搜索状态按照估值排序，优先搜索最有可能正确的子节点。

基于对问题的分析，得到对问题的先验知识，从而改进启发式算法。最后比较几种算法的结果。

2) 算法实例

(1) 基础实验实例。

基础实验实例的相关代码如下：

```
1. import copy
2. import numpy as np
```

输入的数据为字符串，需要将字符串转为 3×3 的数组，便于处理和可视化，具体代码如下：

```
1. def string_to_ls(str):
2.     return [i.split(' ') for i in str.split(',')]
3. # 将数据转化为方便处理的数组
```

在 3×3 的数组中获取指定函数的位置，具体代码如下：

```
1. # 获取位置
2. def get_local(arr, target):
3.     for i in arr:
4.         for j in i:
5.             if j == target:
6.                 return arr.index(i), i.index(j)
```

接下来写交换位置函数，首先根据 0 元素的位置记录可交换的元素。

```
1. def get_elements(arr):
2.     r, c = get_loacl(arr, '0')
3.     elements = []
4.     if r > 0:
```

```
5.          elements.append(arr[r - 1][c])      # 上面的元素
6.      if r < 2:
7.          elements.append(arr[r + 1][c])      # 下面的元素
8.      if c > 0:
9.          elements.append(arr[r][c - 1])      # 左面的元素
10.     if c < 2:
11.         elements.append(arr[r][c + 1])      # 右面的元素
12.     return elements
13. # 根据 0 的位置，有 2~4 个可交换元素
```

随后使用深拷贝得到交换位置后的九宫图状态，即生成当前节点的子节点，具体代码如下：

```
1. def get_child(arr, e):
2.      # 深拷贝与浅拷贝
3.      arr_new = copy.deepcopy(arr)
4.      r, c = get_local(arr_new, '0')
5.      r1, c1 = get_local(arr_new, e)
6.      arr_new[r][c], arr_new[r1][c1] = arr_new[r1][c1], arr_new[r][c]
7.      return arr_new
```

判断当前搜索的节点是否与目的节点一致，具体代码如下：

```
1. def is_goal(arr, goal):
2.      return arr == goal
```

创建类来表示节点。节点所包含的信息除了当前状态，还包括与父节点和子节点的关联，因此应当使用类表示节点，记录以上信息，具体代码如下：

```
1. class state:
2.      def __init__(self, state, parent):
3.          # state 是一个 3x3 的 ls 矩阵
4.          self.state = state
5.          self.parent = parent
6.
7.      def children(self):
8.          children = []
9.          for i in get_elements(self.state):
10.             child = state(state=get_child(self.state, i), parent=self)
```

```
11.          children.append(child)
12.      return children
```

打印最优解的函数，具体代码如下：

```
1. def print_path(n):
2.    if n.parent == None:
3.        return
4.    else:
5.        print('↑')
6.        print(np.array(n.parent.state))
7.        # state 类中的 parent 记录了当前节点的父节点
8.        print_path(n.parent)# 递归打印出求解路线
```

主函数包含了求解的主要过程。设定初始状态和目的状态后，按宽度优先顺序搜索，在循环中通过更新 open 表和 close 表实现，具体代码如下：

```
1. if __name__ == '__main__':
2.     initial = '0 1 3,4 2 5,7 8 6'  # 初始状态和目的状态逆序数应当一致
3.     goal = '1 2 3,4 5 6,7 8 0'
4.     initial_arr = state(string_to_ls(initial), parent=None)
5.     goal_arr = string_to_ls(goal)
6.     open = [initial_arr]
7.     close = []
8.     while len(open) > 0:
9.         open_tb = [i.state for i in open]
10.        close_tb = [i.state for i in close]
11.        n = open.pop(0)   # 取出并删除 open 表中第一个元素
12.        close.append(n)   # 将从 open 表中取出的元素放入 close 表中，表示已搜索
13.        if is_goal(n.state, goal_arr):
14.            print(np.array(n.state))
15.            print_path(n)
16.            print('最优求解过程如上')
17.            break
18.        else:
19.            for i in n.children():
20.                if i.state not in open_tb:
```

```
21.                        if i.state not in close_tb:
22.                            open.append(i)
```

打印求解过程，具体代码如下：

```
1. print('搜索路径如下：')
2. # 在求解步数较少，搜索状态少时可以打印搜索路径
3. for i in close[:-1]:
4.      print(np.array(i.state))
5.      print('↓')
6. print(np.array(close[-1].state))
7. print('搜索步骤为{}'.format(len(close) - 1))
```

（2）进阶实验实例。

进一步引入启发式算法，加入估价函数，估价函数为计算所有数码到目的位置的哈密尔顿距离之和，哈密尔顿距离 D 的计算公式和代码如下：

$$D = |x_1 - x_2| + |y_1 - y_2|$$

给出公式内出现元素的含义，具体代码如下：

```
1. # 哈密尔顿距离
2. def get_distance(arr1, arr2):
3.      distance = []
4.      for i in arr1:
5.          for j in i:
6.              loc1 = get_local(arr1, j)
7.              loc2 = get_local(arr2, j)
8.              distance.append(abs(loc1[0] - loc2[0]) + abs(loc1[1] - loc2[1]))
9.      return sum(distance)
```

加入估价函数后需要对 state 类的定义稍作修改，其中 distance 为深度和估价函数之和，对应前文 $f(n) = g(n) + h(n)$，$g(n)$ 即为搜索深度，$h(n)$ 即为哈密尔顿距离。具体代码如下：

```
1. class state:
2.      def __init__(self, state, deep, parent, distance):
3.          # state 是一个 3x3 的 ls 矩阵
4.          self.state = state
5.          self.deep = deep
6.          self.parent = parent
```

```
7.          self.distance = distance
8.
9.      def children(self):
10.         children = []
11.         for i in get_elements(self.state):
12.           child = state(state=get_child(self.state, i),
13.                    deep=self.deep + 1,
14.                    parent=self,
15.                    distance=self.deep + 1)
16.           child.distance += get_distance(child.state, goal_arr)
17.           children.append(child)
18.      return children
```

加入估价函数后，只需对 state 类和主函数稍加修改。具体代码如下：

```
1. initial_arr = state(initial_arr, deep=0, parent=None, distance=get_distance(initial_arr, goal_arr))
2. ###### 在相应位置替换原有代码
3. if i.state not in close_tb:
4.     open.insert(0, i)
5.     open.sort(key=lambda x: x.distance)
6. # open 表的扩展不再按照宽度优先搜索的顺序，而是插入新状态后按照 distance 排序
7. ###### 在相应位置替换原有代码
8. print('搜寻深度为： {}\n 启发式 A 算法搜索步数为： {}'.format(close[-1].deep, len(close) - 2))
```

通过修改 get_distance 函数从而修改估价函数。具体代码如下：

```
1. def get_distance(arr1, arr2):
2.     distance = []
3.     for i in arr1:
4.         for j in i:
5.             loc1 = get_local(arr1, j)
6.             loc2 = get_local(arr2, j)
7.             dis_tmp = abs(loc1[0] - loc2[0]) + abs(loc1[1] - loc2[1])
8.             dis_tmp *= 0.5 if int(j) in [5, 6, 8] else 1
9.             distance.append(dis_tmp)
10.     return sum(distance)
```

3) 实验结果分析

使用宽度优先搜索求解时应先选择一个简单的情况。例如将初始情况设为 [0, 1, 3; 4, 2, 5; 7, 8, 6]，最短求解步数只有 4 步，一共搜索了 28 种情况，因此说明宽度优先搜索可以较快得到最优解。宽度优先搜索得出的最优路径如图 4-2 所示。

$$\begin{pmatrix} 0 & 1 & 3 \\ 4 & 2 & 5 \\ 7 & 8 & 6 \end{pmatrix} \rightarrow \begin{pmatrix} 1 & 0 & 3 \\ 4 & 2 & 5 \\ 7 & 8 & 6 \end{pmatrix} \rightarrow \begin{pmatrix} 1 & 2 & 3 \\ 4 & 0 & 5 \\ 7 & 8 & 6 \end{pmatrix} \rightarrow \begin{pmatrix} 1 & 2 & 3 \\ 4 & 5 & 0 \\ 7 & 8 & 6 \end{pmatrix} \rightarrow \begin{pmatrix} 1 & 2 & 3 \\ 4 & 5 & 6 \\ 7 & 8 & 0 \end{pmatrix}$$

图 4-2　宽度优先搜索的最优解

在启发式算法中，将哈密尔顿距离作为估价函数，搜索了 4 种情况就得到了最优解，由于最短步数只有 4 步，此时启发式算法没有搜索任何错误情况。

然而当问题变得复杂时，宽度优先搜索的搜索时间和复杂度就变得难以接受了。例如将初始状态设为 [4, 0, 8; 6, 1, 5; 3, 2, 7] 时，经过搜索发现，到达目的状态需要 23 步，如图 4-3 所示。由于宽度优先搜索的搜索树随着层数的增加呈指数级增长，这里为得到最优解一共搜索了 105 263 种情况，显然答案的求解效率过低。而启发式算法则只需要搜索 834 步便可以得到相似的解。与宽度优先搜索的结果相比，尽管移动顺序有区别，但二者的步数完全相同，且启发式算法有效减少了 99.2%的搜索情况，显著降低了计算复杂度。

$$\begin{pmatrix} 4 & 0 & 8 \\ 6 & 1 & 5 \\ 3 & 2 & 7 \end{pmatrix} \rightarrow \begin{pmatrix} 4 & 1 & 8 \\ 6 & 0 & 5 \\ 3 & 2 & 7 \end{pmatrix} \rightarrow \begin{pmatrix} 4 & 1 & 8 \\ 6 & 2 & 5 \\ 3 & 0 & 7 \end{pmatrix} \rightarrow \begin{pmatrix} 4 & 1 & 8 \\ 6 & 2 & 5 \\ 3 & 7 & 0 \end{pmatrix} \rightarrow \begin{pmatrix} 4 & 1 & 8 \\ 6 & 2 & 0 \\ 3 & 7 & 5 \end{pmatrix} \rightarrow$$

$$\begin{pmatrix} 4 & 1 & 8 \\ 6 & 0 & 2 \\ 3 & 7 & 5 \end{pmatrix} \rightarrow \begin{pmatrix} 4 & 1 & 8 \\ 0 & 6 & 2 \\ 3 & 7 & 5 \end{pmatrix} \rightarrow \begin{pmatrix} 4 & 1 & 8 \\ 3 & 6 & 2 \\ 0 & 7 & 5 \end{pmatrix} \rightarrow \begin{pmatrix} 4 & 1 & 8 \\ 3 & 6 & 2 \\ 7 & 0 & 5 \end{pmatrix} \rightarrow \begin{pmatrix} 4 & 1 & 8 \\ 3 & 0 & 2 \\ 7 & 6 & 5 \end{pmatrix} \rightarrow$$

$$\begin{pmatrix} 4 & 1 & 8 \\ 0 & 3 & 2 \\ 7 & 6 & 5 \end{pmatrix} \rightarrow \begin{pmatrix} 0 & 1 & 8 \\ 4 & 3 & 2 \\ 7 & 6 & 5 \end{pmatrix} \rightarrow \cdots \rightarrow \begin{pmatrix} 1 & 2 & 3 \\ 4 & 5 & 6 \\ 7 & 8 & 0 \end{pmatrix}$$

图 4-3　一种较复杂情况的最优解

从以上分析结果可知，求解过程并不是每一步都能缩小哈密尔顿距离，尽管哈密尔顿距离作为估价函数已经取得了极好的效果，但估价函数仍有改进空间。

通过观察求解过程可知，在移动过程中本算法总是倾向于将边角位置的数字正确归位，而右下角的 5、6 和 8 几个数字即使正确归位也会在后续移动中被打乱，在这个过程中由于被打乱使得哈密尔顿距离增加，这反而可能干扰搜索。因此进一步基于优先归位左上边的数字的方式改进估价函数。具体而言，降低 5、6 和 8 三个数字的权重可以实现优先排列左上边数字的效果，这一步需要改变 get_distance 函数，见"2) 算法实例"部分的相关代码。将右下角数字权重改为 0.5 后可以进一步将搜索步数缩短到 509 步。

五、实验总结

1. 阐述实验过程

对于本实验中的八数码问题，启发式算法是在宽度优先搜索算法的基础上改进搜索策略。在实验过程中，首先实现了宽度优先搜索解决八数码问题，尽管宽度优先搜索可以快速解决简单情况，但是随着求解步数增加，复杂度会呈指数级增长。随后，在此基础之上引入启发式算法的估价函数，得到结果和求解复杂度。最后对启发式算法的估价函数进行进一步改进，深入探究和比较几种算法的搜索步数和各自优劣。

2. 理解实验原理

分析实验结果，启发式算法比宽度优先搜索减少了大量的搜索步数，可以更快地得到最短路径。引入合理的估价函数，可以有效避免一些错误的搜索方向。启发式算法的关键问题就在于：

(1) 问题是否有充足的先验知识；

(2) 是否选择了合适的估价函数。

对于不同的问题，启发式算法虽能减少搜索的数量，但不能保证一定能得到问题最优解。改进启发式算法，即利用先验知识改进估价函数，这样做可以减少搜索复杂度并提升得到最优解的可能性。

3. 分析实验问题

对于本实验的八数码问题，最优解步数较多时宽度优先搜索的复杂度很高，启发式算法可以很好解决这一点。在启发式算法中，一种朴素的估计方法是记录当前节点与目的节点位置不同的数字数量，但是该方法忽略了移动数字到正确位置的距离，因此我们可以计算所有数字横向纵向距离之和来进一步改进估计方法。而在考虑各数字距离目的状态的总距离的基础上，考虑不同数字的权重又可以进一步提高求解效率。

4. 达到实验目的

通过对八数码问题的宽度优先搜索实验，读者应理解和掌握盲目搜索的相关知识，并认识到其在计算复杂度上的缺陷。通过在搜索过程中加入启发式信息，实现启发式算法，读者应充分了解启发式算法的基本原理和优势。最后，通过改进实验中的估价函数，观察对比改进前后的实验效果，读者应掌握这种估计函数的优化改进方法，进一步提升自身对启发式算法的理解。

六、思考

启发式算法是极易出错的，算法效果取决于其使用的先验知识。随着启发式算法的改进，搜索步数逐步减少，搜索效率提高。启发式算法的改进取决于先验知识，当先验知识已经能够直接求解出问题而不需要任何多余的搜索时，启发式算法的每一步选择都将是正确的。获取充分的先验知识对于八数码这样小型的问题或许是可行的，但是在实际问题中往往无法实现。

一般而言，启发式算法的估价函数可以用于估计子节点到目的节点的距离。然而，为了进一步提升启发式算法的准确性，常常会设计更加精细复杂的估价函数，但这也会增加每个子节点的估价复杂度。因此，使用更加精细复杂的估价函数可能不会使整个问题的求解时间缩短。

请同学们思考：是否有其他启发式信息可以进一步提升八数码问题的求解速度？结合自己所学领域，谈谈有哪些问题的求解使用了启发式算法。除了本文介绍的初步的启发式算法之外，还有许多更为复杂的启发式算法：模拟退火算法、遗传算法、蚁群算法、人工神经网络算法等，请同学们思考如何利用它们来解决八数码问题。

实验5 推理问题——贝叶斯推理

一、实验目的

1. 了解推理问题的概念和分类，掌握几种基本推理方法。
2. 学习不精确推理方法以及贝叶斯推理原理。
3. 根据贝叶斯推理原理，完成相关实验，实现贝叶斯分类器。

二、实验背景

推理是按照某种策略从已有事实和知识推出结论的过程，其基本任务是基于已有事实和知识按照某种途径来完成某种判断。如果按照推出新判断的途径来分，推理可分为演绎推理、归纳推理和默认推理。人工智能中的推理往往是由程序实现的，这类程序和相关算法常被统称为推理机。一般而言，推理机是利用知识库中的知识，按一定的控制策略去求解问题的。

另外，如果按推理时所用知识的确定性来分，推理又可分为确定性推理与不精确推理。如果在推理中所用的知识都是精确的，即可以把知识表示成必然的因果关系，然后进行逻辑推理，推理的结果或者为真或者为假，这种推理就称为确定性推理。而在人类知识中，有相当一部分属于人的主观判断，它们往往是不精确的，甚至是含糊的。由这些知识归纳出来的推理规则往往也是不确定的。基于这种不确定的规则进行推理，形成的结论也是不确定的，这种推理称为不精确推理。其中贝叶斯推理就是一种不精确推理，人工智能中常见的贝叶斯分类器就使用了这种推理方式。

三、实验原理

由于问题的不确定性与概率有许多内在的联系，因此很早以来，研究人员就将概率论引入人工智能作为处理不确定性的工具。

1. 贝叶斯决策论

1) 条件概率

设 A 和 B 是某个随机试验中的两个事件，如果在事件 B 发生的条件下考虑事件 A 发生的概率，就称它为事件 A 的条件概率，记为 $P(A|B)$。若 $P(B)>0$，则条件概率 $P(A|B)$ 的定义式为

$$P(A|B) = \frac{P(A \cap B)}{P(B)}$$

2) 全概率公式

设事件 $A_1, A_2, \cdots, A_n$ 满足：

(1) 两两互不相容；

(2) $P(A_i)>0$；

(3) $D = \bigcup_{i=1}^{n} A_i$，$D$ 为必然事件，则对任何事件 B 有下式成立：

$$P(B) = \sum_{i=1}^{n} P(A_i) P(B|A_i)$$

3) 贝叶斯公式

设事件 $A_1, A_2, \cdots, A_n$ 满足：

(1) 两两互不相容；

(2) $P(A_i)>0$；

(3) $D = \bigcup_{i=1}^{n} A_i$，$D$ 为必然事件，则对任何事件 B 有下式成立：

$$P(A_i|B) = \frac{P(A_i) \cdot P(B|A_i)}{\sum_{j=1}^{n} P(A_i) \cdot P(B|A_i)}$$

该定理称为贝叶斯定理，上式为贝叶斯公式。

在基于概率的不精确推理中，概率一般解释为专家对证据和规则的主观信任度。一般而言，对概率推理起着支撑作用的是贝叶斯公式。

设有如下产生式规则：

$$\text{if} \quad E \quad \text{then} \quad H$$

则证据 E 的不确定性为 E 的概率 $P(E)$。概率方法不精确推理的目的就是求出在证据 E 下结论 H 发生的概率 $P(H|E)$。

贝叶斯方法用于不精确推理的一个原始条件：已知证据 E 的概率 $P(E)$ 和 H 的先验概率 $P(H)$，并已知 H 成立时 E 出现的条件概率 $P(E|H)$。如果满足这一

原始条件，则使用如下贝叶斯公式便可以从 H 的先验概率 $P(H)$ 推得 H 的后验概率：

$$P(H \mid E) = \frac{P(E \mid H) \cdot P(H)}{P(E)}$$

对于一般的不精确推理网络，实际情况可以更为复杂。例如，当一个证据同时支持多个假设，或者一组证据同时支持一个假设 H 时，必须做出如下约定：

(1) 若一组证据 $E_1, E_2, \cdots, E_n$ 同时支持假设 H 时，则 $H, E_1, E_2, \cdots, E_n$ 之间相互独立。

(2) 当一个证据 E 支持多个假设 $H_1, H_2, \cdots, H_n$ 时，假设 $H_1, H_2, \cdots, H_n$ 之间互不相容。

如果一个证据 E 支持多个假设 $H_1, H_2, \cdots, H_n$，即

$$\text{if} \quad E \quad \text{then} \quad H_i$$

已知 H_i 的先验概率 $P(H_i)$ 和假设成立前提条件 E 所对应证据的条件概率 $P(E \mid H_i)$，则可依据下式可求出相应证据出现时结论 H_i 的后验概率：

$$
\begin{aligned}
P(H_i \mid E) &= \frac{P(H_i) \cdot P(E \mid H_i)}{P(E)} \\
&= \frac{P(H_i) \cdot P(E \mid H_i)}{\sum\limits_{j=1}^{n} P(H_i) \cdot P(E \mid H_i)} \quad (i = 1, 2, \cdots, n)
\end{aligned}
$$

对于更复杂的情况，如果有多个证据 $E_1, E_2, \cdots, E_m$ 和多个结论 $H_1, H_2, \cdots, H_n$，并且每个证据都以一定程度支持结论，则

$$P(H_i \mid E_1, E_2, \cdots, E_m) = \frac{P(E_1 \mid H_i) \cdot P(E_1 \mid H_i) \cdot \cdots \cdot P(E_m \mid H_i) \cdot P(H_i)}{\sum\limits_{j=1}^{n} P(E_1 \mid H_j) \cdot P(E_1 \mid H_j) \cdot \cdots \cdot P(E_m \mid H_j) \cdot P(H_j)}$$

此时，只要已知先验概率 $P(H_i)$ 及 H_i 成立时证据 $E_1, E_2, \cdots, E_m$ 出现的条件概率 $P(E_1 \mid H_i), P(E_2 \mid H_i), \cdots, P(E_m \mid H_i)$，就可利用上述条件计算出在 $E_1, E_2, \cdots, E_m$ 出现情况下 H_i 的后验概率 $P(H_i \mid E_1, E_2, \cdots, E_m)$。

2. 极大似然估计

估计类条件概率的一种常用策略是先假设其满足某种确定的概率分布形式，再基于训练样本对概率分布的相关参数进行估计。具体地，关于类别 c 的类条件概率为 $P(x \mid c)$，假设 $P(x \mid c)$ 具有确定的形式并且被参数向量 θ_c 唯一确定，

则我们的任务就是利用训练集 D 估计参数 $P(x|\theta_c)$。

事实上，概率模型的训练过程就是参数的估计过程。频率主义学派认为参数虽然未知，但却是客观存在的固定值，因此可以通过优化似然函数等准则来确定参数。而贝叶斯学派认为参数是未观察到的参数变量，其本身也有分布。可假设参数服从某种先验分布，然后基于观测到的数据来计算参数的后验分布。贝叶斯分类器就是基于这种思想来进行建模的。

令 D_c 表示训练集 D 中第 c 类样本组合成的集合，假设这些样本是独立同分布的，则参数 θ_c 对于数据集的 D_c 似然是：

$$P(D_c|\theta_c) = \prod_{x \in D_c} P(x|\theta_c)$$

对 θ_c 进行极大似然估计，就是去寻找能最大化似然 $P(D_c|\theta_c)$ 的参数值 $\hat{\theta}$。直观上看，极大似然估计是试图在 θ_c 所有可能的取值中，找到一个能使数据出现的"可能性"最大的值。

3. 朴素贝叶斯分类器

基于贝叶斯公式来估计后验概率 $P(c|x)$ 的主要困难在于：类条件概率 $P(c|x)$ 是所有属性上的联合概率，难以依据有限的训练样本直接估计得到。为了避开这个障碍，朴素贝叶斯分类器采用了属性条件独立性假设：对已知类别，假设所有属性之间相互独立。

基于条件独立性，推理结果的概率公式可进一步改写为

$$P(c|x) = \frac{P(c) \cdot P(x|c)}{P(x)} = \frac{P(c)}{P(x)} \prod_{i=1}^{d} P(x_i|c)$$

其中：d 为属性数目，x_i 为 x 在第 i 个属性上的取值。基于极大似然法，我们需要最大化推理结果的后验概率。由于对所有类别来说 $P(x)$ 相同，可以消去上式中的 $P(x)$，因此贝叶斯判定准则可以进一步简化为

$$h_{nb}(x) = \operatorname*{argmax}_{c \in y} P(c) \prod_{i=1}^{d} P(x_i|c)P$$

需注意，若某个属性值在训练集中没有与某个类同时出现过，无论该样本其他属性值如何，连乘式计算出的概率值都为零。因此，为了避免其他属性携带的信息被训练集中未出现的属性值"抹去"，在估计概率值时，通常要进行平滑。"拉普拉斯修正"就是一种常用的概率平滑方式，具体来说：令 N 表示训练集 D 中可能的类别数，N_i 表示第 i 个属性可能的取值数，则先验概率和条件

概率可以分别修正为

$$\hat{P}(c) = \frac{|D_c| + 1}{|D| + N}$$

$$\hat{P}(x_i \mid c) = \frac{|D_{c,x_i}| + 1}{|D_c| + N_i}$$

四、实验内容

1. 实验环境搭建

本实验使用 Python 编程语言进行实现,代码在 PyCharm 编译环境下运行。环境配置安装指导见实验 1。本实验代码需要安装 numpy、sklearn、seaborn 和 Matplotlib 包。

2. 数据导入

本实验所用数据分两部分,一部分为第一个实验的代码中写入的数据,样本有 6 个属性,属性取值为离散值。样本分为两类,标签分为 0 和 1。另一部分是在第二个实验中从 scikit-learn 库中导入的数据集(图 5-1 所示),调用该模块中的 dataset 的 make_blobs 函数来生成数据集。为了便于可视化,数据集中的数据只包含两种属性。

3. 实施算法

1) 算法流程

第一个实验根据朴素贝叶斯分类器的基本原理,使用 numpy 库实现分类器。本算法流程是首先根据样本值计算先验概率,随后使用贝叶斯公式判断测试集样本的标签值。

第二个实验调用机器学习模块,对特征为连续值的数据进行朴素贝叶斯分类。朴素贝叶斯分类器作为一种基本的机器学习方法,已经被写成了 scikit-learn 中可直接调用的模块。假设特征服从高斯分布,则可以使用 native_bayes 模块中的 GaussianNB 函数来实现朴素贝叶斯分类器。

在机器学习中,大多数基础的功能已经可以通过调用函数来快速实现,实际应用中往往只需要调用相关库函数使用方法来解决问题。但使用 numpy 来具体实现相关函数功能也很重要,这么做有助于加深同学们对算法的理解。本次实验读者应把调用函数解决问题和充分理解算法作为主要的学习目标。

2) 算法实例

(1) 基础实验实例。

本实验过程只需引入 numpy 包, 定义朴素贝叶斯类, 其中 fit 函数是按照贝叶斯分类公式计算先验概率和先验条件概率, predict 函数使用 fit 函数的结果, 同样根据上文的贝叶斯分类推理对样本分类进行预测。在这里只考虑样本特征取值为离散值, 此时可以通过统计离散值的出现频率来计算其先验概率。其代码如下:

```
1. import numpy as np
2. # 只考虑离散值
3. class NaiveBayesClassifier:
4.     def __init__(self,n_classes=2):   # 初始化
5.         self.n_classes=n_classes
6.         self.priori_P={}
7.         self.conditional_P={}
8.         self.N={}
9.         pass
10.
11.    def fit(self,X,y):    # 训练函数
12.        for i in range(self.n_classes):
13.            # 拉普拉斯修正的先验概率
14.            self.priori_P[i]=(len(y[y==i])+1)/(len(y)+self.n_classes)
15.        for col in range(X.shape[1]):
16.            self.N[col]=len(np.unique(X[:,col]))
17.            self.conditional_P[col]={}
18.            for row in range(X.shape[0]):
19.                val=X[row,col]
20.                if val not in self.conditional_P[col].keys():
21.                    self.conditional_P[col][val]={}
22.                    for i in range(self.n_classes):
23.                        D_xi=np.where(X[:,col]==val)
24.                        D_c=np.where(y==i)
25.                        D_cxi=len(np.intersect1d(D_xi,D_c))
26.                        # 拉普拉斯修正的条件概率
```

类似地，当样本特征取值为离散值时，我们可以按如下方式计算先验概率和分类预测：

```python
1. class NaiveBayesClassifierContinuous:
2.     def __init__(self,n_classes=2):
3.         self.n_classes=n_classes
4.         self.priori_P={}
5.
6.     def fit(self,X,y):
7.         self.mus=np.zeros((self.n_classes,X.shape[1]))
8.         self.sigmas=np.zeros((self.n_classes,X.shape[1]))
9.
10.        for c in range(self.n_classes):
11.            self.priori_P[c]=(len(y[y==c]))/(len(y))
12.            X_c=X[np.where(y==c)]
13.
14.            self.mus[c]=np.mean(X_c,axis=0)
15.            self.sigmas[c]=np.std(X_c,axis=0)
16.
17.    def predict(self,X):
18.        pred_y=[]
19.        for i in range(len(X)):
20.            p=np.ones((self.n_classes,))
21.            for c in range(self.n_classes):
22.                p[c]=self.priori_P[c]
23.                for col in range(X.shape[1]):
24.                    x=X[i,col]
25.                    p[c]*=1./(np.sqrt(2*np.pi)*self.sigmas[c,col])*np.exp(-(x-self.mus[c,col])**2/(2*self.sigmas[c,col]**2))
26.            pred_y.append(np.argmax(p))
27.        return np.array(pred_y)
```

在主函数中输入离散样本数据用于分类，具体代码如下：

```python
1. if __name__=='__main__':
```

```
2.      X = np.array([[0, 0, 0, 0, 0, 0], [1, 0, 1, 0, 0, 0],
3.                    [1, 0, 0, 0, 0, 0], [0, 0, 1, 0, 0, 0],
4.                    [2, 0, 0, 0, 0, 0], [0, 1, 0, 0, 1, 1],
5.                    [1, 1, 0, 1, 1, 1], [1, 1, 0, 0, 1, 0],
6.                    [1, 1, 1, 1, 1, 0], [0, 2, 2, 0, 2, 1],
7.                    [2, 2, 2, 2, 2, 0], [2, 0, 0, 2, 2, 1],
8.                    [0, 1, 0, 1, 0, 0], [2, 1, 1, 1, 0, 0],
9.                    [1, 1, 0, 0, 1, 1], [2, 0, 0, 2, 2, 0],
10.                   [0, 0, 1, 1, 1, 0]])
11.     y = np.array([1, 1, 1, 1, 1, 1, 1, 1, 0, 0, 0, 0, 0, 0, 0, 0, 0])
12.
13.     X_test=np.array([[0, 0, 1, 0, 0, 0], [1, 0, 1, 0, 0, 0],
14.                      [1, 1, 0, 1, 1, 0], [1, 0, 1, 1, 1, 0],
15.                      [1, 1, 0, 0, 1, 1], [2, 0, 0, 2, 2, 0],
16.                      [0, 0, 1, 1, 1, 0],
17.                      [2, 0, 0, 2, 2, 0],
18.                      [0, 0, 1, 1, 1, 0]
19.                      ])
```

最后调用写好的朴素贝叶斯分类器函数，对样本进行学习并分类，打印预测结果。具体代码如下：

```
1. naive_bayes=NaiveBayesClassifier(n_classes=2)
2. naive_bayes.fit(X,y)
3. print('self.PrirP:',naive_bayes.priori_P)
4. print('self.CondiP:',naive_bayes.conditional_P)
5. pred_y=naive_bayes.predict(X_test)
6. print('pred_y:',pred_y)
```

(2) 进阶实验实例。

本实验中需要调用多个包实现，主要依靠 sklearn 实现机器学习中的贝叶斯分类器。具体代码如下：

```
1. import numpy as np
2. import matplotlib.pyplot as plt
3. import seaborn as sns; sns.set()
4. from sklearn.datasets import make_blobs
```

```
5. #生成随机数据
6. # make_blobs：产生数据集
7. # n_samples：样本点数，n_features：数据的维度，centers:产生数据的中心点，
    默认值为3
8. # cluster_std：数据集的标准差，浮点数或者浮点数序列，默认值1.0，
    random_state：随机种子
9. X, y = make_blobs(n_samples = 100, n_features=2, centers=2, random_state=2,
    cluster_std=1.5)
10. plt.figure(1)
11. plt.scatter(X[:, 0], X[:, 1], c=y, s=50, cmap='RdBu')
```

sklearn 中集成了朴素贝叶斯分类器方法，假设特征值呈高斯分布时可以使用 GaussianNB，而后我们可以根据训练集计算出不同特征分布的参数，最后将这些参数应用于预测。图 5-1 中左下角和右上角点分别表示训练集中两个类别数据的分布情况。

```
1. from sklearn.naive_bayes import GaussianNB
2. model = GaussianNB()    #朴素贝叶斯
3. model.fit(X, y)          # 训练模型
4. rng = np.random.RandomState(0)
5. X_test = [-6, -14] + [14, 18] * rng.rand(2000, 2)    #生成训练集
6. y_pred = model.predict(X_test)
7. # 将训练集和测试集的数据用图像表示出来，左下角颜色深直径大的为训练集，
    右上角颜色浅直径小的为测试集
8. plt.figure(2)
9. plt.scatter(X[:, 0], X[:, 1], c=y, s=50, cmap='RdBu')
10. lim = plt.axis()
11. plt.scatter(X_test[:, 0], X_test[:, 1], c=y_pred, s=20, cmap='RdBu', alpha=0.1)
12. plt.axis(lim)
13. plt.show()
14.
15. yprob = model.predict_proba(X_test)    #返回的预测值为，每条数据对每个分类的概率
16. print(yprob[-8:].round(2))
```

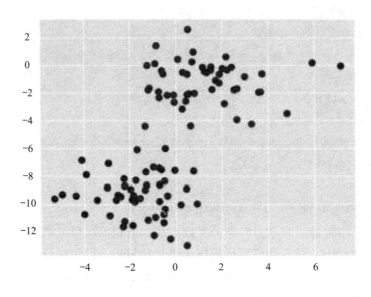

图 5-1 数据集的分布

3) 实验结果分析

根据贝叶斯公式, 统计分类的先验概率和原数据的不同特征与分类的条件概率, 对于数据特征值为离散值的情况, 通过统计可以得到每种取值的条件概率, 那么进行未知数据推理分类时, 可以将样本取值对应的类别概率相乘最终得到不同类别的概率, 而后比较概率值得到最后的结论, 如表 5-1 所示。

表 5-1　根据训练集数据得到的先验条件概率

$P(x_{i,j} \mid c)$	$i = 0$			$i = 1$			...	$i = 5$	
	$j = 0$	$j = 1$	$j = 2$	$j = 0$	$j = 1$	$j = 2$		$j = 0$	$j = 1$
$c = 0$	0.33	0.25	0.42	0.33	0.42	0.25		0.64	0.36
$c = 1$	0.36	0.45	0.18	0.56	0.36	0.09		0.7	0.3

第二个实验是通过调用 scikit-learn 中 native_bayes 模块实现的, 在 "1) 算法流程" 中补充了第一个实验、第二个实验的表述。朴素贝叶斯分类器通过对图 5-1 的样本进行训练学习得到先验概率。图 5-2 中浅色圆点表示测试集的分类结果, 深色圆点为训练集数据用作参照。从分布可以看出贝叶斯分类器在两类数据中划分出了边界。这一边界很好地将两类数据区分开来。

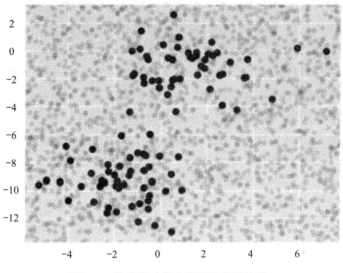

图 5-2　朴素贝叶斯分类器的分类结果

五、实验总结

1. 阐述实验过程

本实验在推理问题中的贝叶斯定理的基础上，深入探究了贝叶斯分类器的原理与实现。具体而言，本实验首先讲解了贝叶斯决策理论、最大似然估计和朴素贝叶斯分类器的基本原理，然后通过代码实现离散值特征的贝叶斯分类器，最后调用 sklearn 库中的 native_bayes 实现基于高斯分布的朴素贝叶斯分类器并分析实验结果。

2. 理解实验原理

推理问题是一个广泛的概念，其由证据得到结论的过程可以囊括人工智能的许多问题。推理问题分为精确推理和不精确推理，现实中的绝大多数问题都是不精确推理。贝叶斯分类器是机器学习的一种常用方法，该分类器的分类过程实质上就是贝叶斯定理的推广和延伸。尽管贝叶斯定理的相关研究已经非常成熟，在许多复杂场景下它经已被一些更加复杂的机器学习方法所取代，但是贝叶斯分类器在解决一些实际问题时仍有较好的效果，而且它有着明确的数学可解释性，这是目前许多机器学习方法所欠缺的。

3. 分析实验问题

本实验的重点在于概率论推理和相关求解算法的实现。对于未知分类的样本数据，根据样本特征和分类的先验条件概率分布，就可以得到样本每一项特征属于不同类别的概率，将其和类别先验概率相乘就得到了分类的后验概率。最大后验概率即为分类器的结果，也就得到了推理问题的结论。

4. 达到实验目的

本实验介绍了推理问题的基本原理，将不精确推理的贝叶斯推理作为实验内容，讲解了贝叶斯推理的概率论原理并设计实验实现朴素贝叶斯分类器。

通过理论部分的学习和回顾，读者应初步认识推理问题和贝叶斯分类。在实验部分，首先要求使用 numpy 实现贝叶斯分类器，通过这个过程，读者应熟悉贝叶斯分类器的基本工作流程和工作原理。随后，通过基于 scikit-learn 库函数构建的朴素贝叶斯分类器对数据集进行训练和预测，读者应学习并掌握基于标准机器学习库函数的朴素贝叶斯分类器构建和使用方法。

六、思考

对贝叶斯定理进行近似求解，为机器学习算法的设计提供了一种有效途径。为了避免贝叶斯定理求解时面临的组合爆炸、样本稀疏问题，朴素贝叶斯分类器引入了属性条件独立性假设。朴素贝叶斯分类器在信息检索领域尤为常用。

请同学们思考，朴素贝叶斯分类器的条件独立性假设在实际应用中可能引发什么错误？尽管条件独立性假设难以成立，为何朴素贝叶斯分类器在许多场景中仍有很好的性能？

实验6 机器学习算法——人脸识别

一、实验目的

1. 掌握机器学习基本原理和实现方法。
2. 使用机器学习算法实现人脸识别。
3. 学习使用深度学习框架训练人脸识别模型。

二、实验背景

人脸识别是人工智能领域中的一个重要的常见问题，即基于对人脸特征的提取与分析完成相应的分类与判别任务。

人脸识别问题可以看作是分类问题，即把属于不同人的人脸划分到对应的类别中。在整个人脸识别算法中，人脸特征的提取是极为重要的一步。关于人脸特征的提取方法，目前可以分为传统的人工手动提取和深度学习神经网络自动提取两种方式。本实验也将分别围绕这两种方法展开。

三、实验原理

人脸识别算法，一般可分为传统机器学习算法和深度学习算法两大类。本实验所用算法原理及相关分析将分别围绕这两类方法展开。

1. 传统机器学习算法——特征脸算法

特征脸算法是人脸识别算法中经典的机器学习算法。其核心思想是通过主成分分析方法(Principal Component Analysis，PCA)来获取人脸图像的特征向量(特征脸)，并且以特征脸作为人脸图片的基，所有数据集的人脸图片都可以由特征脸线性组合而得到。通过在欧几里得空间计算不同人脸中各特征之间的距离，即可判断所识别的对象与原始图片是否属于同一个个体。特征脸算法可以概述为以下四个步骤：

(1) 对人脸数据集进行 PCA 降维得到特征向量；

(2) 特征向量相互正交，并且共同组成一个人脸空间的基；

(3) 人脸图片可以由特征向量线性组合而成，即可以在人脸空间中用坐标表示；

(4) 通过计算人脸图片在人脸空间中坐标的距离，即可判断所分析的人脸与原始人脸是否属于同一个个体。

1) PCA 原理分析

PCA 是一种常用的数据分析方法。PCA 通过线性变换将原始数据变换为一组各维度线性无关的低维向量。该算法可用于提取数据的主要特征分量，也可用于对高维数据进行降维。数据分析时，原始数据的维度与算法的复杂度有着密切的关系，在保留原始数据特征的情况下，对数据进行降维可以有效提高计算的时间效率，减少算力损失。

降维意味着信息的丢失，但是由于实际数据内部往往具有相关性，所以我们可以利用这种相关性，通过某些方法使得在数据维度减少的同时保留尽可能多的原始特征。

PCA 算法通过改变构成 N 维空间的基向量来对数据进行降维。N 维空间对应了由 N 个线性无关的基向量构成的一组基，空间中的任意向量都可用这组基来表示。我们要将一组 N 维向量降为 K 维($N>K>0$)，其实只需要通过矩阵乘法将原 N 维空间中的向量转化为由 K 个线性无关的基向量构成的低维向量空间。为了尽可能保留原始特征，我们希望将原始数据投影到低维空间时，投影后各字段(行向量)不重合，也就是使变换后数据点尽可能地分散，这种需求可以使用线性代数中的方差与协方差来实现。PCA 降维示意图如图 6-1 所示。

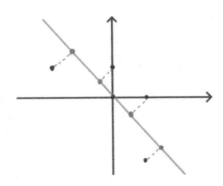

图 6-1　PCA 降维示意图

综合来看，我们降维的目标为选择 k 个基向量(一般转化为单位长度的正交基)，使得原始数据变换到这组基上后，各字段两两间协方差为 0，而字段的方差则尽可能大(在正交的约束下，取最大的 k 个方差)。PCA 本质上是将方差最大的方向作为主要特征，并且在各个正交方向上将数据"去相关"，也就是让它们在不同正交方向上没有相关性。

2) PCA 降维步骤

PCA 降维的具体步骤如下：

(1) 将原始数据按列组成 n 行 m 列矩阵 $\boldsymbol{X}$。

(2) 矩阵 $\boldsymbol{X}$ 中每一维数据都减去该维的均值，使得变换后矩阵 $\boldsymbol{X}'$ 每一维均值为 0。

(3) 求出协方差矩阵 $\boldsymbol{C} = \dfrac{1}{m}\boldsymbol{X}'\boldsymbol{X}'^{\mathrm{T}}$，并求出矩阵 $\boldsymbol{C}$ 的特征值及对应的特征向量。

(4) 将特征向量按对应特征值大小从左到右按行排列成矩阵，取前 k 行组成矩阵 $\boldsymbol{P}$。

(5) $\boldsymbol{Y} = \boldsymbol{PX}$，即将原始数据 X 降维到 K 维后的结果。

实际上，PCA 是一种无参数技术，无法进行个性化的优化；PCA 可以解除线性相关，但无法处理高阶的相关性；PCA 假设数据各主特征分布在正交方向，无法较好应对主特征分布在非正交方向的情况。

2. 深度学习算法——FaceNet 算法

FaceNet 是谷歌在 2015 年提出的人脸识别算法，发表于[CVPR2015.02] (FaceNet: A Unified Embedding for Face Recognition and Clustering)。FaceNet 利用相同人脸在不同角度、姿态下的照片有高内聚性，不同人脸有低耦合性，提出使用 cnn+triplet mining 方法，其在 LFW 数据集上准确率达到 99.63%。

通过卷积神经网络(Convolutional Neural Network，CNN)模型可以将人脸映射到低维空间上，这样通过计算不同特征向量之间的欧式距离即可达到人脸识别的目的。实质上：不同个体的人脸特征之间往往距离较大；相同个体的人脸特征之间的距离往往小于不同个体人脸特征之间的间距。

测试时先计算人脸的特征向量，然后计算不同人脸特征向量的距离，再使用阈值即可判定两张人脸是否属于相同的个体。图 6-2 中的 EMBEDDING 即为特征向量。

Batch
DEEP ARCHITECTURE
L2
EMBEDDING
Triplet Loss

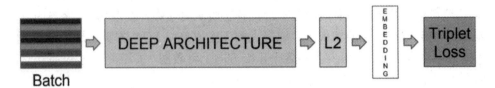

图 6-2　FaceNet 算法流程图

在 FaceNet 的试用阶段，可以归纳为以下四个基础步骤：

(1) 输入一张人脸图片；

(2) 通过深度卷积网络提取特征；

(3) 进行 L2 标准化处理；

(4) 得到一个长度为 128 的特征向量。

四、实验内容

1. 实验环境搭建

本实验使用 Python 编程语言进行实现，代码在 PyCharm 编译环境下运行。环境配置安装指导见实验 1。

2. 数据导入

1) 特征脸算法的数据集

特征脸算法的数据集和 FaceNet 算法的测试集一样，都是 LFW(Labeled Faces in the Wild，野生标签人脸)人脸数据集，如图 6-3 所示。

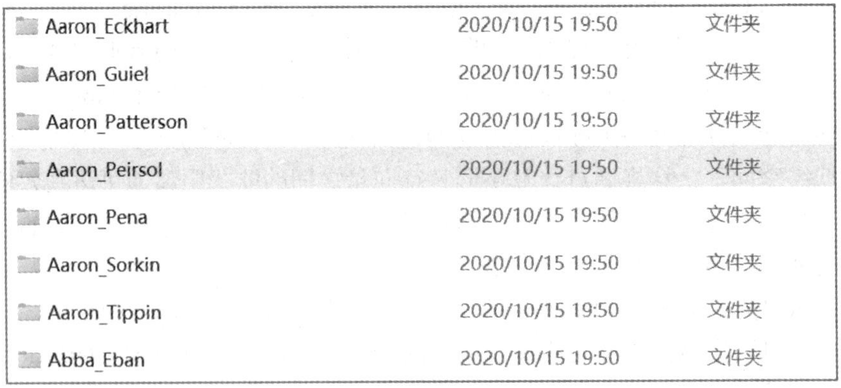

Aaron_Eckhart 2020/10/15 19:50 文件夹
Aaron_Guiel 2020/10/15 19:50 文件夹
Aaron_Patterson 2020/10/15 19:50 文件夹
Aaron_Peirsol 2020/10/15 19:50 文件夹
Aaron_Pena 2020/10/15 19:50 文件夹
Aaron_Sorkin 2020/10/15 19:50 文件夹
Aaron_Tippin 2020/10/15 19:50 文件夹
Abba_Eban 2020/10/15 19:50 文件夹

图 6-3　LFW 数据集示意图 1

LFW 人脸数据库是由美国马萨诸塞州立大学阿默斯特分校计算机视觉实验室整理完成的数据库，主要用来研究非受限情况下的人脸识别问题。LFW 数据库主要是从互联网上搜集图像，而不是实验室，一共含有 13000 多张人脸图像，每张图像都被标识出对应的人的名字，其中有 1680 人对应不只一张图像，即大约 1680 个人包含两个以上的人脸。每张图片的尺寸为 160×160 像素，与 FaceNet 采用的 LFW 数据集的图像尺寸一样。

图 6-4 为 Aaron_Sorkin 文件夹下的人脸图片。Aaron_Sorkin 文件夹下有两张人脸图片。

Aaron_Sorkin_0   Aaron_Sorkin_0
001.jpg   002.jpg

图 6-4　LFW 数据集示意图 2

图 6-5 为 Casy_Preslar 文件夹下的人脸图片，仅有一张图片。

Casy_Preslar_00
01.jpg

图 6-5　LFW 数据集示意图 3

2) FaceNet 算法的训练数据集

训练用的 CASIA-WebFaces 数据集以及评估用的 LFW 数据集可以在百度网盘下载。下载链接：https://pan.baidu.com/s/1qMxFR8H_ih0xmY-rKgRejw，提取码：bcrq。

FaceNet 算法使用的数据集是 CASIA-WebFace 数据集，本文提供的数据集已经经过了预处理操作，将同一个人的图片放到了同一个文件夹下，并且进行了人脸的提取和矫正，数据集示意图如图 6-6 所示。

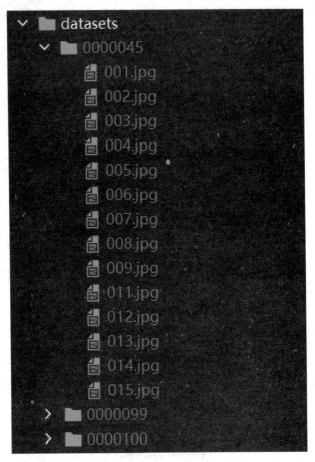

图 6-6　训练数据集示意图 1

图 6-7 为 0000045 文件夹内的图片，都属于同一个人的脸。

图 6-7　训练数据集示意图 2

图 6-8 为 0000099 文件夹内的图片，都属于同一个人的脸。

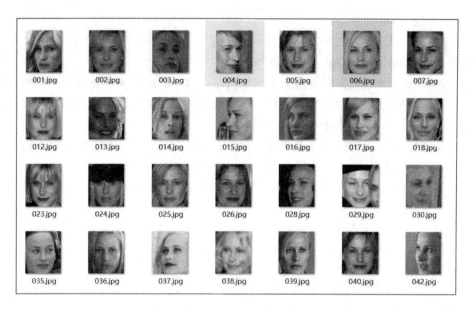

图 6-8　训练数据集示意图 3

3. 实施算法

1) 算法流程

(1) 特征脸算法。

特征脸算法具体流程可以概括为以下 5 个步骤。

① 数据预处理：先从原数据集中挑选出测试时使用的图片。本次实验把测试图的后缀设置为 10.jpg。

② 加载图片：使用 opencv 中的 imread 函数，将图片读取成 numpy 的多维数组格式，以便于后期的计算。

③ 创建图片矩阵：通过遍历数据集创建数据集矩阵 data_mat 用于存放加载的图片，并且生成数据集的标签。

④ PCA 算法编写：根据 PCA 算法的原理，计算所有图片的平均向量，用 mean_mat 来储存。通过偏移矩阵得到协方差矩阵，利用 numpy 工具包计算得出特征值和特征向量，再对特征值进行排序，选出特征值最大的 20 个特征向量。再用特征向量矩阵与偏移矩阵相乘，得到原始图片在新的特征向量基上的坐标。

⑤ 测试图片的坐标获取：基于 PCA 算法使用相同流程处理测试图片，获得测试图片对应的低维特征向量。比较原始和测试图片的欧氏距离来判断是否属于同一人脸。

(2) FaceNet 算法。

FaceNet 整体网络的实现代码的下载链接：https://pan.baidu.com/s/1Ku-X0i7vrAW8Dap1Lm7EQg，提取码：aoi0。

FaceNet0 网络的实现包含主干网络构建、L2 标准化、数据集准备、损失函数设定、模型超参设定等多个部分，下面我们将分别简介各个部分的功能。

① 深度学习主干网络。

在深度学习模型中，主干网络发挥了提取特征的作用。FaceNet 模型中常见的主干网络有两种，分别是设计者采用的 Inception-ResNetV1 的主干特征提取网络和 MobilenetV1 轻量级的主干网络。本实验我们采用 MobilenetV1 轻量级的主干网络。

MobilenetV1 模型是 Google 针对手机等嵌入式设备提出的一种轻量级的深层神经网络，其核心思想是通过使用 Depthwise Separable Convolution(深度可分离卷积块)来减少模型参数。

如图 6-9 所示，深度可分离卷积块由两个部分组成，分别是深度可分离卷积和 1×1 普通卷积，深度可分离卷积的卷积核大小一般是 3×3。3×3 的卷积核的主要作用为特征提取，1×1 的普通卷积的作用为通道数的调整。

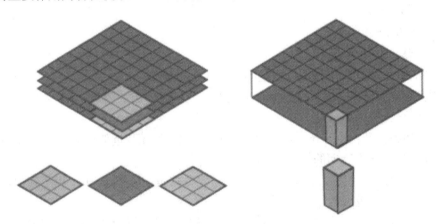

Depthwise Convolutional Filters   Pointwise Convolutional Filters

图 6-9　深度可分离卷积示意图

深度可分离卷积块结构如图 6-10 所示，深度可分离卷积块的目的是使用更少的参数来代替普通的 3×3 卷积。深度可分离卷积的核心在于通过 1×1 的卷积核来调整通道数，使用了更少的参数完成了通道数的变化，大大优化了模型的学习效率。

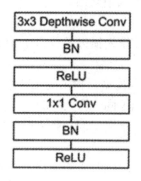

3x3 Depthwise Conv
BN
ReLU
1x1 Conv
BN
ReLU

图 6-10　深度可分离卷积结构图

具体代码实现部分见本实验算法实例的 "mobilenet.py——主干网络代码实现" 代码。

② Embedding 特征向量。

利用主干特征提取网络可以获得一个特征层，它的形状为(batch_size, h, w, channels)，对特征层再进行全局平均池化以方便后续的处理。处理后的张量格式为(batch_size, channels)。

FaceNet 模型给平铺后的特征层输入一个神经元个数为 128 的全连接层。相当于利用了一个长度为 128 的特征向量来代替输入的图片。最后得到的 128 维特征向量可以看作是对输入图片的特征浓缩。

具体代码实现部分见本实验算法实例的 "FaceNet 网络实现" 代码。

③ L2 标准化。

在获得一个长度为 128 的特征向量之后，还需要对特征向量进行 L2 标准化处理。通过 L2 标准化使不同样本得到的特征向量量级不变，以确保之后可以正常比较特征向量之间的欧式距离。在进行 L2 标准化之前要先计算 L2-范数(也称为欧几里得范数)：$\|X\|_2 = \sqrt{\sum_{i=1}^{N} X_i^2}$。

在 Python 中我们通过以下的代码来实现 L2 的标准化操作：

```
1. x = F.normalize(x, p=2, dim=1)
```

输入的图片通过 L2 标准化之后，即转化为了可以进行比较和运算的 128 维特征向量。

④ 数据集导入。

本实验所采用的数据集为 CASIA-WebFace 数据集，具体的数据集导入方

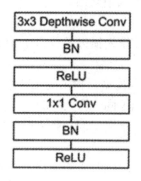

实验 6　机器学习算法——人脸识别

87

式在本实验内容第二节数据导入中介绍。

⑤ 设定损失函数。

FaceNet 使用 Triplet Loss 作为损失函数。Triplet Loss 的输入是一个三元组,具体包括以下内容:

a: anchor,基准图片输入模型后输出的 128 维人脸特征向量;

p: positive,与基准图片属于同一张人脸的图片获得的 128 维人脸特征向量;

n: negative,与基准图片不属于同一张人脸的图片获得的 128 维人脸特征向量。

模型对 anchor 和 positive 求欧几里得距离,并使其尽可能小,对 anchor 和 negative 求欧几里得距离,并使其尽可能大。模型的训练即反复迭代 anchor 与 positive 和 negative 的欧氏距离以达到一个相对优的结果。相关公式如下:

$$L = \max(d(a,p) - d(a,n) + margin, 0)$$

上式中参数介绍如下:

d(a,p):anchor 和 positive 的欧几里得距离;

d(a,n):anchor 和 negative 的欧几里得距离;

margin:一个常数。

随着 Triplet Loss 的收敛,可以使得同一个个体的多个人脸特征向量之间的欧几里得距离减小,不同个体的人脸特征向量之间的欧几里得距离增大。

损失函数的详细代码实现将在本实验算法实例的"train.py 实现"部分给出。

⑥ 训练参数设置。

在开始运行 train.py 进行训练之前,我们需要先设置训练时所需要的参数。具体的参数和其设置方法将在算法实例的"train.py 实现"代码中的注释部分给出详细解释。

2) 算法实例

(1) 基础实验实例——特征脸算法。

① eigenface.py——特征脸的算法实现。

在 eigenface.py 中可完成特征脸算法的主要核心功能,具体代码如下:

```
1. # encoding=utf-8
2. import numpy as np
3. import cv2, os
4. import time
```

```
5.
6.
7. def load_img(file_name):
8.      """
9.      载入图像，统一尺寸，灰度化处理，直方图均衡化
10.     :param file_name: 图像文件名
11.     :return: 图像矩阵
12.     """
13.     t_img_mat = cv2.imread(file_name)    # 载入图像
14.     t_img_mat = cv2.resize(t_img_mat, IMG_SIZE)    # 统一尺寸
15.     t_img_mat = cv2.cvtColor(t_img_mat, cv2.COLOR_RGB2GRAY)   # 转化为灰度图
16.     img_mat = cv2.equalizeHist(t_img_mat)    # 直方图均衡
17.     return img_mat
18.
19.
20. def create_img_mat(dir_name,):
21.     """
22.     生成图像样本矩阵，组织形式为行为属性，列为样本
23.     :param dir_name: 包含训练数据集的图像文件夹路径
24.     :return: 样本矩阵，标签矩阵
25.     """
26.     data_mat = np.zeros((IMG_SIZE[0] * IMG_SIZE[1], 1))
27.     label = []
28.     data_list = []
29.     for parent, dir_names, file_names in os.walk(dir_name):
30.         for t_dir_name in dir_names:
31.             # print(t_dir_name, ' in ', dir_names)
32.             for sub_parent, sub_dir_name, sub_file_names in os.walk(parent + '/' +
    t_dir_name):
33.                 for t_index, t_file_name in enumerate(sub_file_names):
34.                     if not t_file_name.endswith('.jpg'):
35.                         continue
```

```
36.                    if t_file_name.endswith('.10.jpg'):
37.                        continue
38.                    t_img_mat = load_img(sub_parent + '/' + t_file_name)
39.                    img_mat = np.reshape(t_img_mat, (-1, 1))
40.                    data_mat = np.column_stack((data_mat, img_mat))
41.                    label.append(sub_parent + '/' + t_file_name)
42.                    # print(data_mat.shape, ":\n", data_mat)
43.            data_list.append(data_mat[:, 1:])
44.     return data_mat[:, 1:], label, data_list
45.
46.
47. def algorithm_pca(data_mat):
48.     """
49.     PCA 函数，用于数据降维
50.     :param data_mat: 样本矩阵
51.     :return: 降维后的样本矩阵和变换矩阵
52.     """
53.     mean_mat = np.mat(np.mean(data_mat, 1)).T
54.     cv2.imwrite('./face_test/mean_face.jpg', np.reshape(mean_mat, IMG_SIZE))
55.
56.     diff_mat = data_mat - mean_mat
57.     # print('差值矩阵', diff_mat.shape, diff_mat)
58.     cov_mat = (diff_mat.T * diff_mat) / float(diff_mat.shape[1])
59.     # print('协方差矩阵', cov_mat.shape, cov_mat)
60.
61.     eig_vals, eig_vecs = np.linalg.eig(np.mat(cov_mat))
62.     # print('特征值(所有)：', eig_vals, '特征向量(所有)：', eig_vecs.shape, eig_vecs)
63.
64.     eig_vecs = diff_mat * eig_vecs
65.     eig_vecs = eig_vecs / np.linalg.norm(eig_vecs, axis=0)
66.     eig_val = (np.argsort(eig_vals)[::-1])[:DIM]
67.     eig_vec = eig_vecs[:, eig_val]
```

```
68.        # print('特征值(选取)：', eig_val, '特征向量(选取)：', eig_vec.shape, eig_vec)
69.        for i in range(0, eig_vec.shape[1]):
70.            # print('-----',eig_vec.shape)
71.            # print('-----', eig_vec[:, i].shape)
72.            # print('-----',np.reshape(eig_vec[:,i], IMG_SIZE).shape)
73.            pic = np.reshape(eig_vec[:,i], IMG_SIZE)
74.            # print(pic)
75.            pic = 10000 * pic
76.            # print(pic)
77.            # pic *= (pic > 0)
78.            # pic = pic * (pic <= 255) + 255 * (pic > 255)
79.            pic = pic.astype(np.uint8)
80.            # print(pic)
81.            cv2.imwrite('./face_test/mean_face' + str(i) + '.jpg', pic)
82.        low_mat = eig_vec.T * diff_mat
83.        # print('低维矩阵：', low_mat)
84.
85.        return low_mat, eig_vec
86.
87. def method_compare(mat_list, test_img_vec, algorithm=0):
88.        """
89.        比较函数，这里只用了最简单的欧氏距离比较，还可以使用 KNN 等方法，
            如需修改，则修改此处即可
90.        :param mat_list: 样本向量集
91.        :param test_img_vec: 测试图像向量
92.        :return: 与测试图片最相近的图像文件名的 index
93.        """
94.        dis_list = []
95.        for sample_vec in mat_list.T:
96.            dis_list.append(np.linalg.norm(test_img_vec - sample_vec))
97.
98.        # print('disList=', len(dis_list))
```

```
99.        index = np.argsort(dis_list)[0]
100.       return index
101.
102.
103. def method_predict(data_path, test_path):
104.       """
105.       预测函数
106.       :param data_path: 包含训练数据集的文件夹路径
107.       :param test_path: 测试图像文件名
108.       :return: 预测结果
109.       """
110.       global result_list, acc_list, acc_count, algorithm_time, compare_time
111.
112.
113.       print("start loading images ......")
114.       data_mat, label, data_list = create_img_mat(data_path)
115.       print("start calculating ", "Algorithm_PCA")
116.       # print('标签信息：', label)
117.       time_1 = int(round(time.time() * 1000))
118.       mat_list, eig_vec = algorithm_pca(data_mat)
119.       time_2 = int(round(time.time() * 1000))
120.       algorithm_time = time_2 - time_1
121.       print("Algorithm_PCA Finished in: ", algorithm_time)
122.       print("start comparing ......")
123.
124.       test_img_list = []
125.       test_labels = []
126.       for parent, dir_names, file_names in os.walk(test_path):
127.           for t_dir_name in dir_names:
128.               for sub_parent, sub_dir_name, sub_filenames in os.walk(parent + '/' +
    t_dir_name):
129.                   for file_name in sub_filenames:
```

```
130.                    if not file_name.endswith('.jpg'):
131.                        continue
132.                    if file_name.endswith('.10.jpg'):
133.                        test_img_mat = np.reshape(load_img(sub_parent + '/' +
        file_name), (-1, 1))
134.                        test_img_vec = np.reshape((eig_vec.T * test_img_mat), (1, -1))
135.                        test_img_list.append(test_img_vec)
136.                        test_labels.append(sub_parent.split('/')[-1])
137.
138.        # print(len(test_img_list), test_img_list)
139.        # print(len(test_labels), test_labels)
140.
141.        # test_img_mat = np.reshape(load_img(test_path), (-1, 1))
142.        # test_img_vec = np.reshape((eig_vec.T * test_img_mat), (1, -1))
143.
144.        time_1 = int(round(time.time() * 1000))
145.        result_list = []
146.        acc_count = 0
147.        for i in range(0, len(test_img_list)):
148.            index = method_compare(mat_list, test_img_list[i])
149.            # print(index,":",len(label))
150.            if index > len(label):
151.                continue
152.            result = label[index]
153.            result = result.split('/')[-2]
154.            result_list.append(result)
155.            acc_count = acc_count + 1 if result == test_labels[i] else acc_count
156.            # print(result, ':  ', test_labels[i])
157.        time_2 = int(round(time.time() * 1000))
158.        compare_time = time_2 - time_1
159.
160.        print("Comparing Finished in: ", compare_time)
```

```
161.        print("result_list is:",result_list)
162.        print("---- Accuracy is: ", acc_count / len(result_list), " ----")
163.        return result_list
164.
165.
166. IMG_SIZE = (160, 160)
167. DIM = 20
168. if __name__ == '__main__':
169.        method_predict('./data', './data')
170.        # method_predict('./data/Face_Recognition_Data/faces94', './data/Face_Recognition_
Data/faces94', 0)
171.        # method_predict('./data/Face_Recognition_Data/faces94', './data/Face_Recognition_
Data/faces94', 0)
```

② prepare.py——训练集预处理。

prepare.py 主要用来实现对数据集的预处理，具体代码如下：

```
1. # encoding=utf-8
2. import numpy as np
3. import cv2, os
4. import time
5.
6. def prepare_dataset(data_path):
7.        index = 0
8.        for parent, dir_names, file_names in os.walk(data_path):
9.            for t_dir_name in dir_names:
10.                # print(t_dir_name, ' in ', dir_names)
11.                for sub_parent, sub_dir_name, sub_file_names in os.walk(parent + '/' +
    t_dir_name):
12.                    for t_index, t_file_name in enumerate(sub_file_names):
13.                        if index % 10 == 0:
14.                            # print(os.getcwd())
15.                            print('index:',index)
16.                            origin_name = os.path.join(sub_parent,t_file_name)
```

```
17.              os.rename(origin_name,origin_name.split('.jpg')[0]+'.10.jpg')
18.                  index = index + 1
19.
20. if __name__ == '__main__':
21.     prepare_dataset('./data')
```

(2) 进阶实验实例——FaceNet 算法。

区别于传统的机器学习算法，FaceNet 算法的代码结构较为复杂，由多个模块共同配合来完成人脸识别功能。其中主要模块有主干网络、FaceNet 整体网络和训练相关模块。

① mobilenet.py——主干网络代码实现。

mobilenet.py 给出了 mobilenet 主干网络的具体实现，相关代码如下：
(模型输入图片的格式为[160,160,3]。)

```
1. import torch.nn as nn
2.
3. def conv_bn(inp, oup, stride = 1):
4.     return nn.Sequential(
5.          nn.Conv2d(inp, oup, 3, stride, 1, bias=False),
6.          nn.BatchNorm2d(oup),
7.          nn.ReLU6()
8.     )
9.
10. def conv_dw(inp, oup, stride = 1):
11.     return nn.Sequential(
12.          nn.Conv2d(inp, inp, 3, stride, 1, groups=inp, bias=False),
13.          nn.BatchNorm2d(inp),
14.          nn.ReLU6(),
15.
16.          nn.Conv2d(inp, oup, 1, 1, 0, bias=False),
17.          nn.BatchNorm2d(oup),
18.          nn.ReLU6(),
19.     )
20.
```

```
21. class MobileNetV1(nn.Module):
22.     def __init__(self):
23.         super(MobileNetV1, self).__init__()
24.         self.stage1 = nn.Sequential(
25.             # 160,160,3 -> 80,80,32
26.             conv_bn(3, 32, 2),
27.             # 80,80,32 -> 80,80,64
28.             conv_dw(32, 64, 1),
29.
30.             # 80,80,64 -> 40,40,128
31.             conv_dw(64, 128, 2),
32.             conv_dw(128, 128, 1),
33.
34.             # 40,40,128 -> 20,20,256
35.             conv_dw(128, 256, 2),
36.             conv_dw(256, 256, 1),
37.         )
38.         self.stage2 = nn.Sequential(
39.             # 20,20,256 -> 10,10,512
40.             conv_dw(256, 512, 2),
41.             conv_dw(512, 512, 1),
42.             conv_dw(512, 512, 1),
43.             conv_dw(512, 512, 1),
44.             conv_dw(512, 512, 1),
45.             conv_dw(512, 512, 1),
46.         )
47.         self.stage3 = nn.Sequential(
48.             # 10,10,512 -> 5,5,1024
49.             conv_dw(512, 1024, 2),
50.             conv_dw(1024, 1024, 1),
51.         )
52.
```

```
53.        self.avg = nn.AdaptiveAvgPool2d((1,1))
54.        self.fc = nn.Linear(1024, 1000)
55.
56.        for m in self.modules():
57.            if isinstance(m, nn.Conv2d):
58.                nn.init.normal_(m.weight, 0, 0.1)
59.            elif isinstance(m, (nn.BatchNorm2d, nn.GroupNorm)):
60.                nn.init.constant_(m.weight, 1)
61.                nn.init.constant_(m.bias, 0)
62.
63.    def forward(self, x):
64.        x = self.stage1(x)
65.        x = self.stage2(x)
66.        x = self.stage3(x)
67.        x = self.avg(x)
68.        # x = self.model(x)
69.        x = x.view(-1, 1024)
70.        x = self.fc(x)
71.        return x
```

② FaceNet 网络实现。

facenet.py 文件给出了 facenet 网络的架构，具体代码如下：

```
1. import torch.nn as nn
2. from torch.hub import load_state_dict_from_url
3. from torch.nn import functional as F
4.
5. from nets.inception_resnetv1 import InceptionResnetV1
6. from nets.mobilenet import MobileNetV1
7.
8.
9. class mobilenet(nn.Module):
10.    def __init__(self, pretrained):
11.        super(mobilenet, self).__init__()
```

```
12.        self.model = MobileNetV1()
13.        if pretrained:
14.            state_dict = load_state_dict_from_url("https://github.com/bubbliiiing/facenet-
    pytorch/releases/download/v1.0/backbone_weights_of_mobilenetv1.pth", model_dir=
    "model_data", progress=True)
15.
16.            self.model.load_state_dict(state_dict)
17.
18.        del self.model.fc
19.        del self.model.avg
20.
21.    def forward(self, x):
22.        x = self.model.stage1(x)
23.        x = self.model.stage2(x)
24.        x = self.model.stage3(x)
25.        return x
26.
27. class inception_resnet(nn.Module):
28.    def __init__(self, pretrained):
29.        super(inception_resnet, self).__init__()
30.        self.model = InceptionResnetV1()
31.        if pretrained:
32.            state_dict = load_state_dict_from_url("https://github.com/bubbliiiing/facenet-
    pytorch/releases/download/v1.0/backbone_weights_of_inception_resnetv1. pth",
    model_dir="model_data", progress=True)
33.
34.            self.model.load_state_dict(state_dict)
35.
36.    def forward(self, x):
37.        x = self.model.conv2d_1a(x)
38.        x = self.model.conv2d_2a(x)
39.        x = self.model.conv2d_2b(x)
```

```
40.          x = self.model.maxpool_3a(x)
41.          x = self.model.conv2d_3b(x)
42.          x = self.model.conv2d_4a(x)
43.          x = self.model.conv2d_4b(x)
44.          x = self.model.repeat_1(x)
45.          x = self.model.mixed_6a(x)
46.          x = self.model.repeat_2(x)
47.          x = self.model.mixed_7a(x)
48.          x = self.model.repeat_3(x)
49.          x = self.model.block8(x)
50.          return x
51.
52. class Facenet(nn.Module):
53.      def __init__(self, backbone="mobilenet", dropout_keep_prob=0.5, embedding_size=128,
         num_classes=None, mode="train", pretrained=False):
54.          super(Facenet, self).__init__()
55.          if backbone == "mobilenet":
56.              self.backbone = mobilenet(pretrained)
57.              flat_shape = 1024
58.          elif backbone == "inception_resnetv1":
59.              self.backbone = inception_resnet(pretrained)
60.              flat_shape = 1792
61.          else:
62.              raise ValueError('Unsupported backbone - `{}`, Use mobilenet, inception_
         resnetv1.'.format(backbone))
63.          self.avg          = nn.AdaptiveAvgPool2d((1,1))
64.          self.Dropout      = nn.Dropout(1 - dropout_keep_prob)
65.          self.Bottleneck   = nn.Linear(flat_shape, embedding_size,bias=False)
66.          self.last_bn      = nn.BatchNorm1d(embedding_size, eps=0.001,
         momentum=0.1, affine=True)
67.          if mode == "train":
68.              self.classifier = nn.Linear(embedding_size, num_classes)
```

```
69.
70.        def forward(self, x, mode = "predict"):
71.            if mode == 'predict':
72.                x = self.backbone(x)
73.                x = self.avg(x)
74.                x = x.view(x.size(0), -1)
75.                x = self.Dropout(x)
76.                x = self.Bottleneck(x)
77.                x = self.last_bn(x)
78.                x = F.normalize(x, p=2, dim=1)
79.                return x
80.            x = self.backbone(x)
81.            x = self.avg(x)
82.            x = x.view(x.size(0), -1)
83.            x = self.Dropout(x)
84.            x = self.Bottleneck(x)
85.            before_normalize = self.last_bn(x)
86.
87.            x = F.normalize(before_normalize, p=2, dim=1)
88.            cls = self.classifier(before_normalize)
89.            return x, cls
90.
91.        def forward_feature(self, x):
92.            x = self.backbone(x)
93.            x = self.avg(x)
94.            x = x.view(x.size(0), -1)
95.            x = self.Dropout(x)
96.            x = self.Bottleneck(x)
97.            before_normalize = self.last_bn(x)
98.            x = F.normalize(before_normalize, p=2, dim=1)
99.            return before_normalize, x
100.
```

```python
101.    def forward_classifier(self, x):
102.        x = self.classifier(x)
103.        return x
```

③ train.py 实现。

train.py 文件中囊括了 facenet 模型的训练流程，具体代码如下：

```python
1. import os
2. import numpy as np
3. import torch
4. import torch.backends.cudnn as cudnn
5. import torch.distributed as dist
6. import torch.optim as optim
7. from torch.utils.data import DataLoader
8.
9. from nets.facenet import Facenet
10. from nets.facenet_training import (get_lr_scheduler, set_optimizer_lr,
11.                                     triplet_loss, weights_init)
12. from utils.callback import LossHistory
13. from utils.dataloader import FacenetDataset, LFWDataset, dataset_collate
14. from utils.utils import get_num_classes, show_config
15. from utils.utils_fit import fit_one_epoch
16.
17.
18. if __name__ == "__main__":
19.     #-------------------------------------#
20.     #    是否使用 Cuda
21.     #    没有 GPU 可以设置成 False
22.     #-------------------------------------#
23.     Cuda = True
24.     #------------------------------------------#
25.     #    distributed    用于指定是否使用单机多卡分布式运行
26.     #                   终端指令仅支持 Ubuntu。CUDA_VISIBLE_DEVICES 用于
                            在 Ubuntu 下指定显卡
```

```
27.    #                          Windows 系统下默认使用 DP 模式调用所有显卡,不支持 DDP
28.    #   DP 模式:
29.    #   设置                    distributed = False
30.    #   在终端中输入            CUDA_VISIBLE_DEVICES=0,1 python train.py
31.    #   DDP 模式:
32.    #   设置                    distributed = True
33.    #   在终端中输入  CUDA_VISIBLE_DEVICES=0,1 python -m torch.distributed.
                launch --nproc_per_node=2 train.py
34.    #-----------------------------------------------------------------#
35.    distributed = False
36.    #-----------------------------------------------------------------#
37.    # sync_bn          是否使用 sync_bn，DDP 模式多卡可用
38.    #-----------------------------------------------------------------#
39.    sync_bn = False
40.    #-----------------------------------------------------------------#
41.    #   fp16           是否使用混合精度训练
42.    #                  可减少约一半的显存，需要 pytorch1.7.1 以上版本
43.    #-----------------------------------------------------------------#
44.    fp16 = False
45.    #-----------------------------------------------------------------#
46.    #   指向根目录下的 cls_train.txt，读取人脸路径与标签
47.    #-----------------------------------------------------------------#
48.    annotation_path = "cls_train.txt"
49.    #-----------------------------------------------------------------#
50.    #   输入图像大小，常用设置如[112, 112, 3]
51.    #-----------------------------------------------------------------#
52.    input_shape = [160, 160, 3]
53.    #-----------------------------------------------------------------#
54.    #   主干特征提取网络的选择
55.    #   mobilenet
56.    #   inception_resnetv1
57.    #-----------------------------------------------------------------#
```

```
58.    backbone = "mobilenet"
59.    #----------------------------------------------------------------#
60.    #    权值文件的下载请看 README，可以通过网盘下载
61.    #    模型的预训练权重比较重要的部分是主干特征提取网络的权值部分，用于
            进行特征提取
62.    #
63.    #    如果训练过程中存在中断训练的操作，可以将 model_path 设置成 logs 文件
            夹下的权值文件，将已经训练过的一部分权值再次载入
64.    #    同时修改下方的训练参数，保证模型 epoch 的连续性
65.    #
66.    #    当 model_path = ''的时候不加载整个模型的权值
67.    #
68.    #    此处使用的是整个模型的权重，因此是在 train.py 进行加载的，pretrain 不
            影响此处的权值加载
69.    #    如果想要让模型从主干的预训练权值开始训练，则设置 model_path = '',
            pretrain = True，此时仅加载主干
70.    #    如果想要让模型从 0 开始训练，则设置 model_path = '', pretrain = Fasle，
            此时从 0 开始训练
71.    #----------------------------------------------------------------#
72.    model_path = "model_data/facenet_mobilenet.pth"
73.    #----------------------------------------------------------------#
74.    #    是否使用主干网络的预训练权重，此处使用的是主干网的权重，因此是在
            模型构建的时候进行加载的
75.    #    如果设置了 model_path，则主干网的权值无需加载，pretrained 的值无意义
76.    #    如果不设置 model_path，pretrained = True，此时仅加载主干网开始训练
77.    #    如果不设置 model_path，pretrained = False，此时从 0 开始训练
78.    #----------------------------------------------------------------#
79.    pretrained = False
80.
81.    #----------------------------------------------------------------#
82.    #    显存不足与数据集大小无关，提示显存不足请调小 batch_size
83.    #    受到 BatchNorm 层影响，不能为 1
```

```
84.    #
85.    #    在此提供若干参数设置建议，各位训练者根据自己的需求进行灵活调整：
86.    #    (一)从预训练权重开始训练：
87.    #        Adam：
88.    #            Init_Epoch = 0, Epoch = 100, optimizer_type = 'adam', Init_lr = 1e-3,
                    weight_decay = 0
89.    #        SGD：
90.    #            Init_Epoch = 0, Epoch = 100, optimizer_type = 'sgd', Init_lr = 1e-2,
                    weight_decay = 5e-4
91.    #        其中：UnFreeze_Epoch 可以在 100~300 之间调整
92.    #    (二)batch_size 的设置：
93.    #        在显卡能够接受的范围内，以大为好。显存不足与数据集大小无关，
                提示显存不足(OOM 或者 CUDA out of memory)请调小 batch_size
94.    #        受到 BatchNorm 层影响，batch_size 最小为 2，不能为 1
95.    #        正常情况下 Freeze_batch_size 建议为 Unfreeze_batch_size 的 1~2 倍。
                差距不建议设置得过大，因为关系到学习率的自动调整
96.    #------------------------------------------------------------#
97.    #------------------------------------------------------------#
98.    #    训练参数
99.    #    Init_Epoch    模型当前开始的训练 epoch
100.   #    batch_size    每次输入的图片数量
101.   #                  受到数据加载方式与 triplet loss 的影响
102.   #                  batch_size 需要为 3 的倍数
103.   #    Epoch         模型总共训练的 epoch
104.   #------------------------------------------------------------#
105.   batch_size        = 96
106.   Init_Epoch        = 0
107.   Epoch             = 100
108.
109.   #------------------------------------------------------------#
110.   #    其他训练参数：学习率、优化器、学习率下降表
111.   #------------------------------------------------------------#
```

```
112.    #------------------------------------------------------#
113.    #    Init_lr              模型的最大学习率
114.    #    Min_lr               模型的最小学习率，默认为 Init_lr 的 0.01
115.    #------------------------------------------------------#
116.    Init_lr              = 1e-3
117.    Min_lr               = Init_lr * 0.01
118.    #------------------------------------------------------#
119.    #    optimizer_type      使用到的优化器种类，可选的有 adam、sgd
120.    #                        当使用 Adam 优化器时建议设置    Init_lr=1e-3
121.    #                        当使用 SGD 优化器时建议设置     Init_lr=1e-2
122.    #    momentum            优化器内部使用到的 momentum 参数
123.    #    weight_decay        权值衰减，可防止过拟合
124.    #                         adam 会导致 weight_decay 错误，使用 adam 时
                                 建议设置 weight_decay 为 0。
125.    #------------------------------------------------------#
126.    optimizer_type       = "adam"
127.    momentum             = 0.9
128.    weight_decay         = 0
129.    #------------------------------------------------------#
130.    #    lr_decay_type       使用到的学习率下降方式，可选的有 step、cos
131.    #------------------------------------------------------#
132.    lr_decay_type        = "cos"
133.    #------------------------------------------------------#
134.    #    save_period         多少个 epoch 保存一次权值，默认每个世代都保存
135.    #------------------------------------------------------#
136.    save_period          = 1
137.    #------------------------------------------------------#
138.    #    save_dir            权值与日志文件保存的文件夹
139.    #------------------------------------------------------#
140.    save_dir             = 'logs'
141.    #------------------------------------------------------#
142.    #    用于设置是否使用多线程读取数据
```

```
143.        #        开启后会加快数据读取速度，但是会占用更多内存
144.        #        内存较小的电脑可以设置为 2 或者 0
145.        #------------------------------------------------------------#
146.        num_workers        = 4
147.        #------------------------------------------------------------#
148.        #        是否开启 LFW 评估
149.        #------------------------------------------------------------#
150.        lfw_eval_flag      = True
151.        #------------------------------------------------------------#
152.        #        LFW 评估数据集的文件路径和对应的 txt 文件
153.        #------------------------------------------------------------#
154.        lfw_dir_path       = "lfw"
155.        lfw_pairs_path     = "model_data/lfw_pair.txt"
156.
157.        #----------------------------------------------------#
158.        #        设置用到的显卡
159.        #----------------------------------------------------#
160.        ngpus_per_node     = torch.cuda.device_count()
161.        if distributed:
162.            dist.init_process_group(backend="nccl")
163.            local_rank     = int(os.environ["LOCAL_RANK"])
164.            rank           = int(os.environ["RANK"])
165.            device         = torch.device("cuda", local_rank)
166.            if local_rank == 0:
167.                print(f"[{os.getpid()}] (rank = {rank}, local_rank = {local_rank}) training...")
168.                print("Gpu Device Count : ", ngpus_per_node)
169.        else:
170.            device             = torch.device('cuda' if torch.cuda.is_available() else 'cpu')
171.            local_rank         = 0
172.            rank               = 0
173.
174.        num_classes = get_num_classes(annotation_path)
```

```
175.        #-----------------------------------------------------------#
176.        #    载入模型并加载预训练权重
177.        #-----------------------------------------------------------#
178.        model = Facenet(backbone=backbone, num_classes=num_classes, pretrained=pretrained)
179.
180.        if model_path != '':
181.            #-----------------------------------------------------------#
182.            #    权值文件请看 README，可以百度网盘下载
183.            #-----------------------------------------------------------#
184.            if local_rank == 0:
185.                print('Load weights {}.'.format(model_path))
186.
187.            #-----------------------------------------------------------#
188.            #    根据预训练权重的 Key 和模型的 Key 进行加载
189.            #-----------------------------------------------------------#
190.            model_dict = model.state_dict()
191.            pretrained_dict = torch.load(model_path, map_location = device)
192.            load_key, no_load_key, temp_dict = [], [], {}
193.            for k, v in pretrained_dict.items():
194.                if k in model_dict.keys() and np.shape(model_dict[k]) == np.shape(v):
195.                    temp_dict[k] = v
196.                    load_key.append(k)
197.                else:
198.                    no_load_key.append(k)
199.            model_dict.update(temp_dict)
200.            model.load_state_dict(model_dict)
201.            #-----------------------------------------------------------#
202.            #    显示没有匹配上的 Key
203.            #-----------------------------------------------------------#
204.            if local_rank == 0:
205.                print("\nSuccessful Load Key:", str(load_key)[:500], "……\nSuccessful Load Key
        Num:", len(load_key))
```

```
206.          print("\nFail To Load Key:", str(no_load_key)[:500], "......\nFail To Load
    Key  num:", len(no_load_key))
207.          print("\n\033[1;33;44m温馨提示，head 部分没有载入是正常现象，
    Backbone 部分没有载入是错误的。\033[0m")
208.
209.    loss = triplet_loss()
210.    #--------------------#
211.    #    记录 Loss
212.    #--------------------#
213.    if local_rank == 0:
214.          loss_history = LossHistory(save_dir, model, input_shape=input_shape)
215.    else:
216.          loss_history = None
217.
218.    #-----------------------------------------------------------#
219.    #    因此 torch1.2 这里显示"could not be resolve"
220.    #-----------------------------------------------------------#
221.    if fp16:
222.          from torch.cuda.amp import GradScaler as GradScaler
223.          scaler = GradScaler()
224.    else:
225.          scaler = None
226.
227.    model_train = model.train()
228.    #-------------------------#
229.    #    多卡同步 Bn
230.    #-------------------------#
231.    if sync_bn and ngpus_per_node > 1 and distributed:
232.        model_train = torch.nn.SyncBatchNorm.convert_sync_batchnorm(model_train)
233.    elif sync_bn:
234.          print("Sync_bn is not support in one gpu or not distributed.")
235.
```

```
236.    if Cuda:
237.        if distributed:
238.            #---------------------------#
239.            #    多卡平行运行
240.            #---------------------------#
241.            model_train = model_train.cuda(local_rank)
242.            model_train = torch.nn.parallel.DistributedDataParallel(model_train,
        device_ids= [local_rank], find_unused_parameters=True)
243.        else:
244.            model_train = torch.nn.DataParallel(model)
245.            cudnn.benchmark = True
246.            model_train = model_train.cuda()
247.
248.    #---------------------------#
249.    #    LFW 估计
250.    #---------------------------#
251.    LFW_loader = torch.utils.data.DataLoader(
252.        LFWDataset(dir=lfw_dir_path, pairs_path=lfw_pairs_path, image_size=
        input_shape), batch_size=32, shuffle=False) if lfw_eval_flag else None
253.
254.    #----------------------------------------------------#
255.    #    0.01 用于验证，0.99 用于训练
256.    #----------------------------------------------------#
257.    val_split = 0.01
258.    with open(annotation_path,"r") as f:
259.        lines = f.readlines()
260.    np.random.seed(10101)
261.    np.random.shuffle(lines)
262.    np.random.seed(None)
263.    num_val = int(len(lines)*val_split)
264.    num_train = len(lines) - num_val
265.
```

```
266.    show_config(
267.        num_classes = num_classes, backbone = backbone, model_path =
    model_path, input_shape = input_shape, \
268.        Init_Epoch = Init_Epoch, Epoch = Epoch, batch_size = batch_size, \
269.        Init_lr = Init_lr, Min_lr = Min_lr, optimizer_type = optimizer_type,
        momentum = momentum, lr_decay_type = lr_decay_type, \
270.        save_period = save_period, save_dir = save_dir, num_workers =
    num_workers, num_train = num_train, num_val = num_val
271.    )
272.
273.    if True:
274.        if batch_size % 3 != 0:
275.            raise ValueError("Batch_size must be the multiple of 3.")
276.        #------------------------------------------------------------#
277.        #    判断当前 batch_size，自适应调整学习率
278.        #------------------------------------------------------------#
279.        nbs             = 64
280.        lr_limit_max    = 1e-3 if optimizer_type == 'adam' else 1e-1
281.        lr_limit_min    = 3e-4 if optimizer_type == 'adam' else 5e-4
282.        Init_lr_fit     = min(max(batch_size / nbs * Init_lr, lr_limit_min),
    lr_limit_max)
283.        Min_lr_fit      = min(max(batch_size / nbs * Min_lr, lr_limit_min * 1e-2),
    lr_limit_max * 1e-2)
284.
285.        #------------------------------------------------------------#
286.        #    根据 optimizer_type 选择优化器
287.        #------------------------------------------------------------#
288.        optimizer = {
289.            'adam'  : optim.Adam(model.parameters(), Init_lr_fit, betas =
    (momentum, 0.999), weight_decay = weight_decay),
290.            'sgd'   : optim.SGD(model.parameters(), Init_lr_fit, momentum=
    momentum, nesterov=True, weight_decay = weight_decay)
```

```
291.        }[optimizer_type]
292.
293.        #----------------------------------------------#
294.        #     获得学习率下降的公式
295.        #----------------------------------------------#
296.        lr_scheduler_func = get_lr_scheduler(lr_decay_type, Init_lr_fit, Min_lr_fit, Epoch)
297.
298.        #----------------------------------------------#
299.        #     判断每一个世代的长度
300.        #----------------------------------------------#
301.        epoch_step        = num_train // batch_size
302.        epoch_step_val    = num_val // batch_size
303.
304.        if epoch_step == 0 or epoch_step_val == 0:
305.            raise ValueError("数据集过小，无法继续进行训练，请扩充数据集。")
306.
307.        #----------------------------------------------#
308.        #     构建数据集加载器
309.        #----------------------------------------------#
310.        train_dataset     = FacenetDataset(input_shape, lines[:num_train],
        num_classes, random = True)
311.        val_dataset       = FacenetDataset(input_shape, lines[num_train:],
        num_classes, random = False)
312.
313.        if distributed:
314.            train_sampler     = torch.utils.data.distributed.DistributedSampler(train_
        dataset, shuffle=True,)
315.            val_sampler       = torch.utils.data.distributed.DistributedSampler(val_
        dataset, shuffle=False,)
316.            batch_size        = batch_size // ngpus_per_node
317.            shuffle           = False
```

```
318.            else:
319.                train_sampler   = None
320.                val_sampler     = None
321.                shuffle         = True
322.
323.            gen = DataLoader(train_dataset, shuffle=shuffle, batch_size=batch_
      size//3, num_workers=num_workers, pin_memory=True,
324.                drop_last=True, collate_fn=dataset_collate, sampler=train_sampler)
325.            gen_val = DataLoader(val_dataset, shuffle=shuffle, batch_size=batch_
      size//3, num_workers=num_workers, pin_memory=True,
326.                drop_last=True, collate_fn=dataset_collate, sampler=val_sampler)
327.
328.            for epoch in range(Init_Epoch, Epoch):
329.                if distributed:
330.                    train_sampler.set_epoch(epoch)
331.
332.                set_optimizer_lr(optimizer, lr_scheduler_func, epoch)
333.
334.                fit_one_epoch(model_train, model, loss_history, loss, optimizer,
      epoch, epoch_step, epoch_step_val, gen, gen_val, Epoch, Cuda, LFW_loader,
      batch_size//3, lfw_eval_flag, fp16, scaler, save_period, save_dir, local_rank)
335.
336.            if local_rank == 0:
337.                loss_history.writer.close()
```

④ facenet_training.py。

在 facenet_training.py 中给出了模型训练时所需的必要函数,具体代码如下:

```
1. import math
2. from functools import partial
3.
4. import numpy as np
```

```
5. import torch
6.
7.
8. def triplet_loss(alpha = 0.2):
9.      def _triplet_loss(y_pred,Batch_size):
10.          anchor, positive, negative = y_pred[:int(Batch_size)], y_pred[int(Batch_size)
     :int(2*Batch_size)], y_pred[int(2*Batch_size):]
11.
12.          pos_dist = torch.sqrt(torch.sum(torch.pow(anchor - positive,2), axis=-1))
13.          neg_dist = torch.sqrt(torch.sum(torch.pow(anchor - negative,2), axis=-1))
14.
15.          keep_all = (neg_dist - pos_dist < alpha).cpu().numpy().flatten()
16.          hard_triplets = np.where(keep_all == 1)
17.
18.          pos_dist = pos_dist[hard_triplets]
19.          neg_dist = neg_dist[hard_triplets]
20.
21.          basic_loss = pos_dist - neg_dist + alpha
22.          loss = torch.sum(basic_loss) / torch.max(torch.tensor(1),
     torch.tensor(len(hard_triplets[0])))
23.          return loss
24.      return _triplet_loss
25.
26. def weights_init(net, init_type='normal', init_gain=0.02):
27.      def init_func(m):
28.          classname = m.__class__.__name__
29.          if hasattr(m, 'weight') and classname.find('Conv') != -1:
30.              if init_type == 'normal':
31.                  torch.nn.init.normal_(m.weight.data, 0.0, init_gain)
32.              elif init_type == 'xavier':
33.                  torch.nn.init.xavier_normal_(m.weight.data, gain=init_gain)
```

```
34.            elif init_type == 'kaiming':
35.                torch.nn.init.kaiming_normal_(m.weight.data, a=0, mode='fan_in')
36.            elif init_type == 'orthogonal':
37.                torch.nn.init.orthogonal_(m.weight.data, gain=init_gain)
38.            else:
39.                raise NotImplementedError('initialization method [%s] is not
    implemented' % init_type)
40.        elif classname.find('BatchNorm2d') != -1:
41.            torch.nn.init.normal_(m.weight.data, 1.0, 0.02)
42.            torch.nn.init.constant_(m.bias.data, 0.0)
43.    print('initialize network with %s type' % init_type)
44.    net.apply(init_func)
45.
46. def get_lr_scheduler(lr_decay_type, lr, min_lr, total_iters, warmup_iters_ratio = 0.1,
    warmup_lr_ratio = 0.1, no_aug_iter_ratio = 0.3, step_num = 10):
47.    def yolox_warm_cos_lr(lr, min_lr, total_iters, warmup_total_iters,
    warmup_lr_start, no_aug_iter, iters):
48.        if iters <= warmup_total_iters:
49.            # lr = (lr - warmup_lr_start) * iters / float(warmup_total_iters) +
    warmup_lr_start
50.            lr = (lr - warmup_lr_start) * pow(iters / float(warmup_total_iters), 2
51.            ) + warmup_lr_start
52.        elif iters >= total_iters - no_aug_iter:
53.            lr = min_lr
54.        else:
55.            lr = min_lr + 0.5 * (lr - min_lr) * (
56.                1.0
57.                + math.cos(
58.                    math.pi
59.                    * (iters - warmup_total_iters)
60.                    / (total_iters - warmup_total_iters - no_aug_iter)
```

```
61.                    )
62.                 )
63.           return lr
64.
65.      def step_lr(lr, decay_rate, step_size, iters):
66.           if step_size < 1:
67.                raise ValueError("step_size must above 1.")
68.           n        = iters // step_size
69.           out_lr   = lr * decay_rate ** n
70.           return out_lr
71.
72.      if lr_decay_type == "cos":
73.           warmup_total_iters  = min(max(warmup_iters_ratio * total_iters, 1), 3)
74.           warmup_lr_start     = max(warmup_lr_ratio * lr, 1e-6)
75.           no_aug_iter         = min(max(no_aug_iter_ratio * total_iters, 1), 15)
76.           func = partial(yolox_warm_cos_lr ,lr, min_lr, total_iters, warmup_total_iters,
warmup_lr_start, no_aug_iter)
77.      else:
78.           decay_rate  = (min_lr / lr) ** (1 / (step_num - 1))
79.           step_size   = total_iters / step_num
80.           func = partial(step_lr, lr, decay_rate, step_size)
81.
82.      return func
83.
84. def set_optimizer_lr(optimizer, lr_scheduler_func, epoch):
85.      lr = lr_scheduler_func(epoch)
86.      for param_group in optimizer.param_groups:
87.           param_group['lr'] = lr
```

3) 实验结果分析

(1) 特征脸算法实验结果。

运行 eigenface.py 之后我们得到了 20 张特征脸图片，如图 6-11 所示。

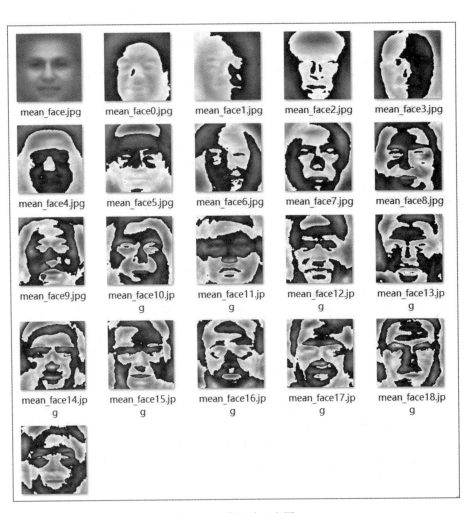

图 6-11　特征脸示意图

　　通过 eigenface.py 对 LFW 数据集进行测试的结果如图 6-12 所示，模型判别准确率为 93.97%。

```
start loading images ......
start calculating  Algorithm_PCA
Algorithm_PCA Finished in:  491
start comparing ......
Comparing Finished in:  391.0
result_list is: ['Alejandro_Toledo', 'Abdullah', 'Abdullah', 'Yossi_Beilin', 'Abdullah_Ahmad_Bada
---- Accuracy is:  0.9397089397089398  ----
```

图 6-12　特征脸算法实验结果图

(2) FaceNet 算法实验结果。

通过 CASIA-WebFace 数据集对 FaceNet 模型训练之后，我们可以得到训练之后的 Mobilenetv1 模型。运行 predict.py 文件可以测试两张人脸图片在欧几里得空间的距离，以判断是否为同一张人脸。在测试之前，需先调整 facenet.py 文件内的两处参数，如图 6-13 所示。

```
class Facenet(object):
    _defaults = {
        #-----------------------------------------------------------------#
        #   使用自己训练好的模型进行预测要修改model_path，指向logs文件夹下的权值文件
        #   训练好后logs文件夹下存在多个权值文件，选择验证集损失较低的即可。
        #   验证集损失较低不代表准确度较高，仅代表该权值在验证集上泛化性能较好。
        #-----------------------------------------------------------------#
        "model_path"    : "model_data/facenet_mobilenet.pth",
        #-----------------------------------------------------------------#
        #   输入图片的大小
        #-----------------------------------------------------------------#
        "input_shape"   : [160, 160, 3],
        #   所使用到的主干特征提取网络
        #-----------------------------------------------------------------#
        "backbone"      : "mobilenet",
```

图 6-13   FaceNet 参数设置

将 model_path 的地址设置为训练好的权值，且训练好的权值要与模型所采用的主干网络相匹配，如图 6-14 所示。设置好之后运行 predict.py 文件即可进行数据集的预测。

```
D:\develop\python\python3.8.6\python.exe D:/Master_Project/Facenet/facenet-pytorch/predict.py
Loading weights into state dict...
model_data/facenet_mobilenet.pth model loaded.
Configurations:
----------------------------------------------------------------
|                 keys |                              values|
----------------------------------------------------------------
|           model_path |     model_data/facenet_mobilenet.pth|
|          input_shape |                        [160, 160, 3]|
|             backbone |                            mobilenet|
|       letterbox_image |                                 True|
|                 cuda |                                False|
----------------------------------------------------------------
Input image_1 filename:
Input image_2 filename:
```

图 6-14   FaceNet 预测操作

如图 6-15 所示，从 img 文件夹中读取相同个体的两张人脸图片之后可以看出，他们在欧几里得空间内相距的距离较短。

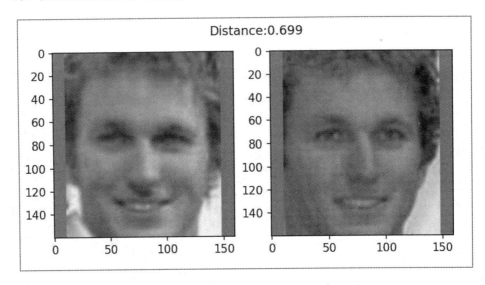

图 6-15　FaceNet 预测结果 1

如图 6-16 所示，当我们从 img 文件夹中输入两张不同的人脸图像 img/1_001.jpg 和 img/2_001.jpg 时，我们可以发现这两张图片的特征向量在欧几里得空间相距的距离较远。

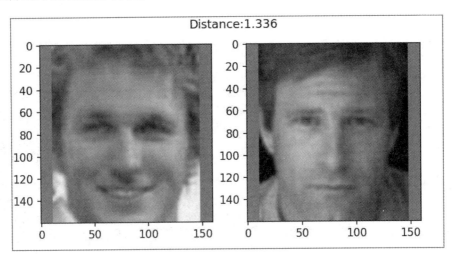

图 6-16　FaceNet 预测结果 2

接下来，我们再用训练好的模型在 LFW 人脸数据集上测试。运行 eval_LFW.py 文件。其中 LFW 数据集存放在 lfw 文件夹内，数据集格式与 CASIA-WebFace 数据集格式相同。

通过对 LFW 数据集的测试，我们可以看出，经过训练后的 FaceNet 数据集对 LFW 测试集的测试精度约为98.23%，如图 6-17 所示。

```
Loading weights into state dict...
Test Epoch: [5888/6000 (96%)]: : 24it [03:55,  9.83s/it]
Accuracy: 0.98233+-0.00473
Best_thresholds: 1.15000
Validation rate: 0.82133+-0.04593 @ FAR=0.00100
```

图 6-17　FaceNet 实验结果 3

五、实验总结

1. 阐述实验过程

1) 特征脸算法

在本实验中，采用将机器学习工具包 sklearn 作为核心工具包。人脸识别算法的难点即在于数据集的准备以及标注工作。sklearn 工具包提供了 fetch_lfw_people 类，很大程度上方便了数据集准备的过程。人脸识别的核心在于提取人脸特征，并使用模型对人脸特征进行分类。其他的一切工作都是围绕这两点展开的。本实验采用的算法是特征脸算法，特征脸算法中的人脸特征提取是通过 PCA 主成分分析来实现的，PCA 对图像原本的特征降维之后就得到了特征脸(eigenface)。

Eigenface 具体可以拆解为获得人脸图像数据，将每一个人脸图像矩阵按行串成一维，这样每个人脸图像对应一个向量；将 M 个人脸在对应维度上加起来，然后求平均得到"平均脸"；将每个图像都减去平均脸向量；计算协方差矩阵；运用 Eigenfaces 进行人脸识别。

算法实践过程包括训练图像、求出平均脸、获得特征子脸、进行图像重构、寻找相似度高的人脸图像。

2) FaceNet 算法

为提升模型效果，深度学习算法相较于传统的机器学习方法需要使用更大量的训练数据集，为此我们选择了 CASIA-WebFace 数据集，一共有 45 万张人脸图片。算法的网络部分通过卷积层、池化层和全连接层对输入的图片进行处理，使其压缩为长度为 128 的特征向量。完成模型的设计之后，在服务器上对模型进行训练，目的是降低损失函数得到一个性能较好的输出模型。最后再使用训练好的模型对 LFW 数据集进行测试。

2. 理解实验原理

特征脸算法的核心思路在于把输入的图片经过数据预处理即 PCA 算法之后，把二维的矩阵信息转化为了一维的序列信息。通过主成分分析降维，我们可以做到把复杂的信息简单化，只用少量的信息就能表示复杂的问题，大大减少了程序的计算量。同时特征脸算法也是一个很好的通过图片的特征来分析问题的方法，面对比较难处理的原问题可以通过特征提取，降维表征，之后对简单的低维特征信息进行处理，这样做有助于提升模型效果。

FaceNet 算法的核心思路在于从输入的图片中提取长度为 128 的特征向量，此时长度为 128 的特征向量就相当于对输入图片所含信息的压缩。通过图片的特征向量进行比较即可判断输入的图片是否为同一人脸图片。利用深度学习模型来处理图片问题，最关键的地方就在于特征提取。特征提取的任务主要是由主干网络来执行的，本次实验采用了 Mobilenet 主干网络，相较于FaceNet 原文给出的 Inception 主干网络，Mobilenet 采用了可以分离卷积，通过 1×1 的卷积核来改变通道数，通过改变通道数来降低模型的参数数量。实验采用了 Triplet Loss 损失函数来训练模型，Triplet Loss 可以使得相同个体人脸图片的特征向量间距减小，不同个体人脸图片的特征向量间距增大。

3. 分析实验问题

人脸识别本质上是一个多分类问题，可以采用传统的机器学习算法和深度学习算法等多种方法解决。传统的机器学习算法有着轻量化、计算量小、运行速度快的特点，适合应用在数据量小，对精确度要求不是特别高的场合。深度学习算法相较于传统机器学习算法有更强的拟合能力，可以处理更加庞大的问题，并且可以得到更加精确的结果，但同时也对硬件的算力有更高的要求。对数据量大、精确度要求比较高的场景，使用深度学习算法可以取得一个更好的效果。

相比于传统的机器学习可以理解的内部函数映射结构，深度学习算法则是黑盒模型，给模型提供输入和输出，模型会自动的通过反向传播来寻找输入到输出的映射关系。深度学习适合用于较为复杂且不知道输入和输出的映射关系的场合。

4. 达到实验目的

通过理论部分的学习，读者应该对传统机器学习算法和深度学习算法实现人脸识别有了初步的了解。在实验部分，读者需要理解特征脸算法的数学原理，并且通过 Python 编程实现特征脸算法的主体结构，还需要掌握对训练集进行预处理的基本原则和相关技巧。在进阶的 FaceNet 实验中，读者需要了解 FaceNet 的网络结构和相应的深度学习原理，并且学会使用和优化 FaceNet 结构，熟悉并掌握数据集的基本读取流程。

六、思考

特征脸算法中的主成分分析法和 FaceNet 算法中的主干特征提取网络，本质上都是在进行特征挖掘和低维表征。在大数据支持下，深度学习算法相比传统的机器学习算法更加有效。

请读者思考，深度学习的 FaceNet 算法提取特征的方法与传统的特征脸算法有何不同？在 FaceNet 算法中，如果使用原文中的 Inception 作为主干网络会对模型的效果产生什么影响呢？

参 考 文 献

[1] 焦李成，孙其功，田小林，等. 人工智能实验简明教程[M]. 北京：清华大学出版社，2021.

[2] 姜亦学，李子梅. 大数据与人工智能实验教程[M]. 北京：北京大学出版社，2022.

[3] 胡永明，黄浩，李玮. 机器学习与边缘人工智能实验[M]. 北京：科学出版社，2022.

[4] 周志华. 机器学习[M]. 北京：清华大学出版社，2016.

[5] CORMEN T H，LEISERSON C E，RIVEST R L，et al. Introduction to algorithms[M]. Cambridge：MIT press，2022.

[6] SCHROFF F，KALENICHENKO D，PHILBIN J. Facenet：A unified embedding for face recognition and clustering[C]//Proceedings of the IEEE conference on computer vision and pattern recognition. 2015: 815-823.

人工智能实验指导书